中国气象观测质量报告
（2021）

中国气象局气象探测中心 编

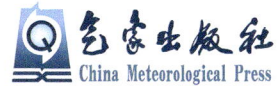

内容简介

观测是气象工作的基础,质量则是观测的生命线。本书以综合气象观测业务质量提升为主线,系统地分析评估了除卫星气象观测外的中国综合气象观测系统 2021 年业务运行的新一代天气雷达观测网、风廓线雷达观测网、探空观测网、国家级地面气象观测网、GNSS/MET 观测网、雷电观测网、自动土壤水分观测网和大气成分观测网共八大类气象观测,覆盖 6600 多个观测站的站网布局、数据质量、运行质量、业务能力和质量改进等内容。

本书是中国气象局气象探测中心全面落实《气象高质量发展纲要(2022—2035 年)》要求,加强观测业务质量管理、强化数据质量控制、确保气象数据准确、权威、科学的具体举措,是全面提升观测业务质量的重要体现。

图书在版编目(CIP)数据

中国气象观测质量报告. 2021 / 中国气象局气象探测中心编. -- 北京:气象出版社,2023.5
ISBN 978-7-5029-8031-3

Ⅰ. ①中… Ⅱ. ①中… Ⅲ. ①气象观测－质量管理－研究报告－中国－2021 Ⅳ. ①P41-12

中国国家版本馆CIP数据核字(2023)第164569号

审图号:GS京(2023)2150号

中国气象观测质量报告(2021)

ZHONGGUO QIXIANG GUANCE ZHILIANG BAOGAO(2021)

中国气象局气象探测中心　编

出版发行:**气象出版社**			
地　　址:北京市海淀区中关村南大街 46 号		邮政编码:100081	
电　　话:010-68407112(总编室)　010-68408042(发行部)			
网　　址:http://www.qxcbs.com		E-mail:qxcbs@cma.gov.cn	
责任编辑:蔺学东		终　　审:张　斌	
责任校对:张硕杰		责任技编:赵相宁	
封面设计:艺点设计			
印　　刷:北京建宏印刷有限公司			
开　　本:787 mm×1092 mm　1/16		印　　张:3	
字　　数:80 千字			
版　　次:2023 年 5 月第 1 版		印　　次:2023 年 5 月第 1 次印刷	
定　　价:50.00 元			

本书如存在文字不清、漏印以及缺页、倒页、脱页等,请与本社发行部联系调换。

《中国气象观测质量报告(2021)》
编委会

主　　任：李良序

编　　委：张雪芬　邵　楠　杨荣康　权继梅　施丽娟　吴　蕾
　　　　　陈玉宝　雷　勇　靳军莉　赵培涛　郭建侠

编写组

主　　编：秦世广

副 主 编：徐鸣一　李翠娜

编写人员（按姓氏笔画排序）：

万成辉　王彦霏　王　健　文　浩　左湘文　石　城
石　锐　付懋森　朱永超　刘　征　刘　洁　刘　健
杨馨蕊　李　季　李　欣　李　雁　李瑞义　吴东丽
张家斌　张　璇　张　鑫　陈泽方　林雪娇　周　薇
庞文静　郑静瑜　赵盼盼　赵晨曦　荆俊山　胡芸芸
夏元彩　徐　进　郭　伟　郭　伟　陶雨雨　崔喜爱
温壮风

校　　对：刘　健　陶雨雨

统　　稿：陶雨雨

摘　要

截至2021年底,我国业务运行的八类气象观测设备包括新一代天气雷达站224个、风廓线雷达站81个、探空站119个、GNSS/MET站734个、雷电站434个、国家级地面气象站2427个、土壤水分站2397个、大气成分站272个。地面1 km、2 km和3 km高度新一代天气雷达探测覆盖范围分别占国土面积的31.0%、52.2%和60.9%。55个国家级地面气象观测站探测环境变化对观测结果产生实质性影响,61个站完成迁站并启用新址观测。

2021年,八类气象观测设备除GNSS/MET站外平均数据正确率均达到评估标准并维持在较高水平。新一代天气雷达数据正确率98.8%,较2020年下降0.1个百分点;电磁干扰对天气雷达数据质量影响相对较大,占雷达数据质量问题的55.3%。风廓线雷达数据正确率为92.6%,较2020年下降0.4个百分点;风廓线雷达探测水平风场和同址探空对比结果与国际水平(2.8 m/s)相当。探空观测数据正确率99.9%,较2020年提升0.1个百分点,比WMO Ⅱ区协(亚洲)地区平均高15%,比全球平均高16.2%,与全球第一梯队相差0.1%;各型号探空系统温度、位势高度、风向、风速正确率均达到评估标准。GNSS/MET数据正确率89.8%,较2020年下降0.8个百分点,主要是省级数据传输链路故障、设备老化故障和探测环境不良等因素多发导致。雷电数据正确率87.7%,较2020年提升1.6个百分点;影响雷电数据质量问题主要为闪电信号处理和时间测量等工作状态检查异常(占85.1%)。国家级地面气象站数据正确率与2020年持平,全年均在99.0%以上;观测要素中气压的数据质量可疑/错误数量相对较多(占比26.5%)。土壤水分数据正确率99.3%,较2020年提升0.4个百分点;土壤水分数据质量问题主要由设备故障或性能下降、传感器标定漂移和土壤水文物理常数漂移引起。大气成分的气溶胶质量浓度、反应性气体、黑碳数据正确率分别为89.0%、84.8%和84.5%,均达到评估标准(≥80%)。

2021年,观测设备整体运行维持较高水平,维护维修保障及时,各类观测网平均业务可用性均超过中国气象局考核标准,总体较2020年有小幅提升。新一代天气雷达平均业务可用性99.59%,较2020年提升0.69个百分点,平均故障修复时间4.19 h,减少1.68 h,发射系统故障占比最大为24.0%;探空平均可用性均保持在100.00%,平均故障修复时间为16.78 h,较2020年减少3.62 h,天线装置故障占比最大为46.2%,探空仪合格率为94.38%;雷电平均业务可用性为98.04%,较2020年下降0.38个百分点,平均故障修复时间为21.96 h,减少12.92 h,通信系统故障占比最大为33.4%。国家级地面气象观测平均业务可用性为99.99%,与2020年持平,平均故障修复时间为11.79 h,减少1.77 h,传感器故障占比最大为32.3%。土壤水分平均业务可用性为95.81%,较2020年下降2.79个百分点,平均故障修复时间为29.44 h,减少5.00 h,通信系统故障占比最大为42.3%。大气成分气溶胶质量浓度平均业务可用性为93.81%,较2020年提升1.89个百分点。2021年全年共调拨国家级天气雷达备件201件,向7省(市)10次调拨国家级应急储备物资214件(套)。

气象观测质量管理体系信息系统、天衡天衍-综合气象观测数据质量控制系统、综合气象观测业务运行信息化平台是支撑综合气象观测质量管理、质量控制与评估和运行保障的重要业务系统和应用平台。2021年,气象观测质量管理支撑业务系统全面业务运行和推广应用,通过推进质量管理体系审核与观测业务检查融合,内审抽查共发现不符合项98个,改进建议项532个,定位了观测业务难点问题和改进方向;基于质量周报和改进机制,发现元数据和观测数据质量问题16.4万站次和6733站次,改进率达99.85%和96.39%,观测元数据基本实现周动态清零,观测数据质量问题动态新增得到有效遏制。

目 录

前 言
摘 要

第一章 综合气象观测站网 1
 一、综合气象观测网布局 1
 二、地面台站观测环境变化 4

第二章 观测数据质量评估 6
 一、新一代天气雷达 6
 二、风廓线雷达 7
 三、探空 8
 四、GNSS/MET 10
 五、雷电 11
 六、地面观测 12
 七、土壤水分 13
 八、大气成分 14

第三章 观测网运行质量 16
 一、整体运行情况 16
 二、维护维修保障 16
 三、故障分析 17
 四、仓储供应 20

第四章 观测质量业务能力 22
 一、气象观测质量管理体系信息系统 22
 二、天衡天衍——综合气象观测数据质量控制系统 22
 三、综合气象观测业务运行信息化平台 23

第五章　观测质量改进	25
一、气象观测质量管理	25
二、质量改进机制	25
三、典型应用案例	29
四、中试评估	36

第一章　综合气象观测站网

一、综合气象观测网布局

目前,我国已基本建成布局科学、技术先进、功能完善、质量稳健、效益显著、管理高效的综合气象观测系统,整体实力达到国际先进水平,气象观测站网设计布局工作进入世界领先行列,为气象现代化整体水平提升提供了强有力的基础支撑。2021年5月,中国气象局启动监测预警补短板工程建设,新建20套地基遥感垂直观测系统,新建60套X波段天气雷达系统,更新和新建地面自动气象观测设备2000套,旨在提高气象要素的垂直监测水平,提升雷达观测覆盖率,增强突发性、灾害性天气监测预警能力。截至2021年底,我国气象观测系统包含8万余套、340余种型号装备,全部实现自动化观测,涵盖地面、高空、海洋等领域100多项观测项目,每日观测数据量超过15 TB,是全球规模最大的气象观测系统。本报告以新一代天气雷达观测网、风廓线雷达观测网、探空观测网、GNSS/MET观测网、雷电观测网、国家级地面气象观测网、土壤水分观测网、大气成分观测网业务运行考核站点为重点,截至2021年底各观测网具体站点数如表1.1所示。

表1.1　业务运行考核观测站数量

观测网	评估站数/个
新一代天气雷达观测网	224
风廓线雷达观测网	81
探空观测网	119
GNSS/MET观测网	734
雷电观测网	434
国家级地面气象观测网	2427
土壤水分观测网	2397
大气成分观测网	272

1. 新一代天气雷达观测网

我国业务运行考核的新一代天气雷达共224部,如图1.1所示,较2020年新增8部,升级为双偏振功能的达到67部。设备型号有S波段和C波段两个波段,S波段天气雷达主要布设在我国沿海和多强降水的地区,包括SA、SB、SC和WSR-88D共4种型号123部;C波段天气雷达主要布设在我国强对流天气发生和活动频繁、经济比较发达的中部地区,包括CA、CB、CC、CD共4

种型号101部。距离雷达站地面1 km高度的探测覆盖范围占国土面积的31.0%,2 km高度占52.2%,3 km高度占60.9%,如图1.2~图1.4所示,较2020年提升约1.0个百分点。

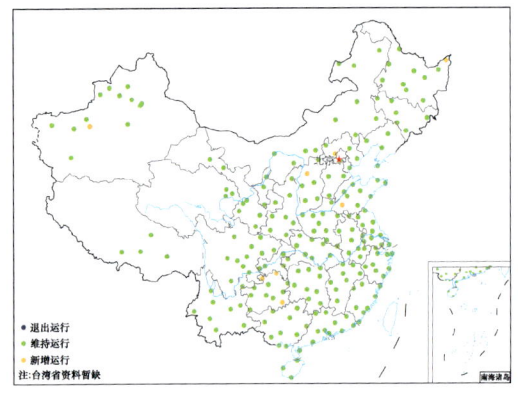

图1.1　全国新一代天气雷达站网布局

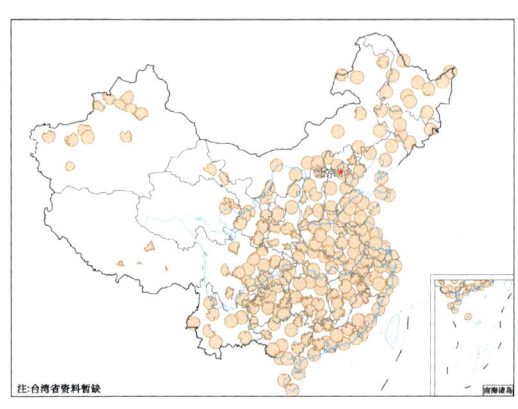

图1.2　1 km高度天气雷达探测覆盖图

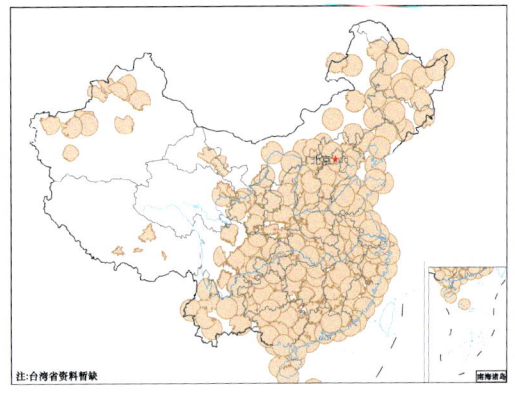

图1.3　2 km高度天气雷达探测覆盖图

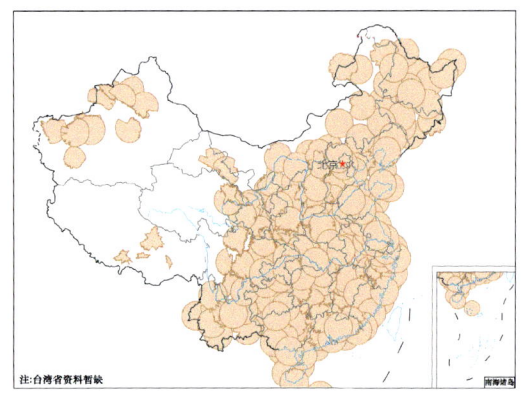

图1.4　3 km高度天气雷达探测覆盖图

2. 风廓线雷达观测网

我国业务运行考核的风廓线雷达81部,如图1.5所示,较2020年新增7部,6部退出运行考核。主要分布在三大经济区,京津冀、长三角、珠三角平均站距50~100 km,局部20~50 km。设备型号以边界层和对流层探测高度为主,主要分为3 km型、6~8 km型、12 km型。

3. 探空观测网

我国业务运行考核的探空站119个,如图1.6所示,站网间距在300 km左右。探空雷达全部采用南京大桥机器有限公司的L波段二次测风雷达,探空仪采用南京大桥机器有限公司GTS11型探空仪、上海长望气象科技股份有限公司GTS12型探空仪、太原无线电一厂GTS13型探空仪。

4. GNSS/MET 观测网

我国业务运行考核的GNSS/MET站点734个,如图1.7所示,较2020年新增32个,退出运行考核17个,东部地区平均站距为50~100 km,西部地区平均站距为300 km以上。设备型号以TRIMBLE(天宝)、LEICA(莱卡)、TPS LEGACY(拓普康)、YQS1(敏视达)4种型号为主。

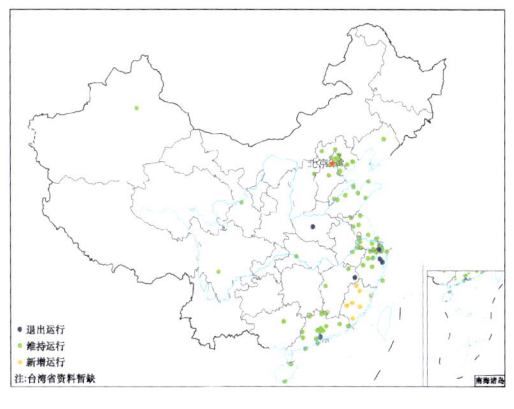
图1.5 全国风廓线雷达观测站网布局

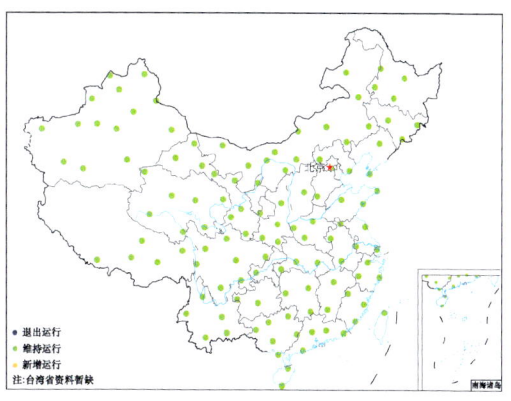
图1.6 全国探空观测站网布局

5. 雷电观测网

我国业务运行考核的雷电观测站434个,如图1.8所示,较2020年新增16个,退出运行考核4个,基本覆盖了我国内陆区域。我国东部、南部等雷电多发区域的平均站距多在100~150 km,中部、西部和北部等区域站距多在150~200 km,新疆、西藏等地区的站点间距超过200 km。设备型号以ADTD型和DDW1型为主,前者以探测云地闪为主,后者可实现部分云闪监测,工作在VLF/LF频段,采用多站测向和时差联合定位技术。

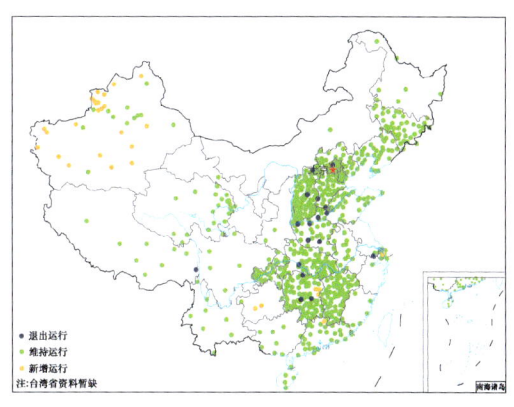
图1.7 全国GNSS/MET观测站网布局

图1.8 全国雷电观测站网布局

6. 地面观测网

我国业务运行考核的国家级地面气象观测站共2427个,如图1.9所示,平均站距约为65 km,设备型号有CAWS3000、DZZ1-2、DZZ1-2N、DZZ3、DZZ4、DZZ5、DZZ6共7种。我国全部地面气象观测站超过7.3万个,东部地区平均站距基本小于10 km,西部地区平均站距为10~30 km,用于满足天气、气候及专业气象等不同服务需求,按照气象观测要素分类,如图1.10所示,单要素站(降水量)主要布局在西南地区,四要素站(降水量、气温、风向、风速)东部地区占比较大,西北地区及西藏等地以六要素站(降水量、气温、风向、风速、气压、相对湿度)或七要素站(六要素+水平能见度)为主。

图 1.9 国家级地面气象观测站网布局

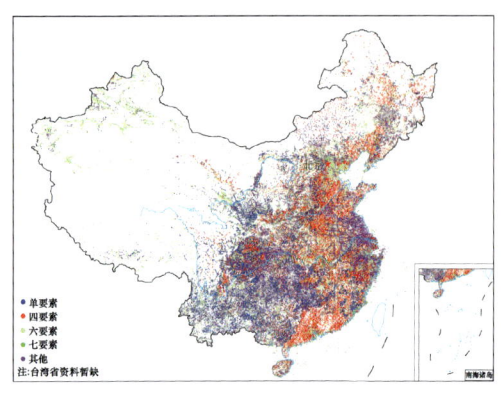
图 1.10 地面气象观测站(按观测要素分类)布局

7. 土壤水分观测网

我国业务运行考核的自动土壤水分站共 2397 个,如图 1.11 所示,较 2020 年新增 267 个,退出运行考核 53 个,覆盖各主要气候区、土壤类型和生态下垫面,除西藏、新疆、青海、云南等西部地区平均站距超过 100 km 外,多数地区平均站距在 20～70 km。设备型号有 DZN1、DZN2 和 DZN3 共 3 种,DZN1 型采用驻波率法频域反射,DZN2 和 DZN3 型采用电容法频域反射。

8. 大气成分观测网

我国业务运行考核的各类大气成分观测站共 272 个,如图 1.12 所示,较 2020 年新增 12 个,退出运行考核 11 个。其中,开展气溶胶质量浓度观测的站点 261 个,黑碳观测站点 53 个,反应性气体观测站点 69 个。气溶胶质量浓度观测设备有 LGH 系列、TEOM1405、TEOM1400A、SHARP5030、MP101、GRIMM180 和 BPM-200 7 种型号,其中 LGH 系列和 BPM-200 为国产设备;黑碳观测设备型号 2 种,为 AE31 和 AE33,均为进口设备;反应性气体观测设备型号 3 种,为 TE 系列、EC 系列和 AQMS 系列,其中 AQMS 系列为国产设备。

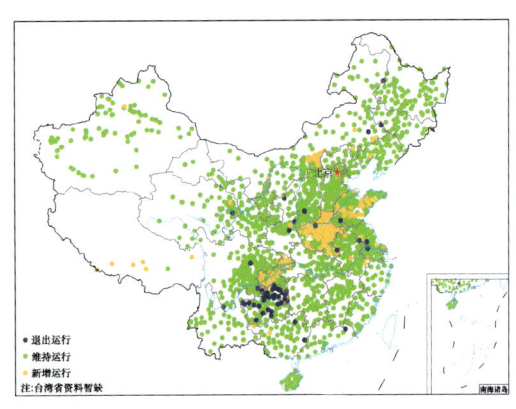
图 1.11 全国土壤水分观测站网布局

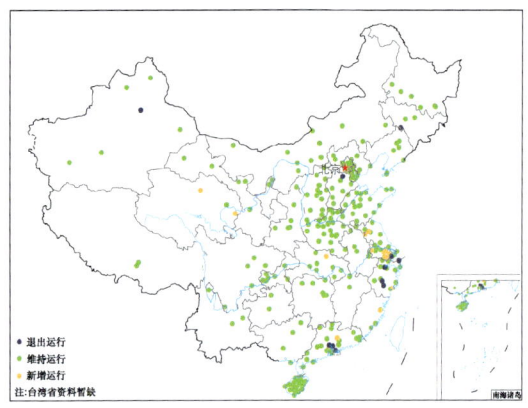
图 1.12 全国大气成分观测站网布局

二、地面台站观测环境变化

根据中国气象局气象观测台站气象探测环境变化月报告统计,2021 年国家级地面自动气象站中有414站探测环境受外部影响源影响发生变化,主要影响源为建筑物,约占85.2%;其次为自然物,约占12.6%。探测环境变化站点中有77站得到改善,55站对观测造成实质性影响,其余282站符合探测环境保护规定或未造成实质性影响,如图1.13所示。受探测环境变化影响,2021年有61站迁站并启用新址观测,如图1.14所示。探测环境变化和迁站较频繁地区主要在中东部。

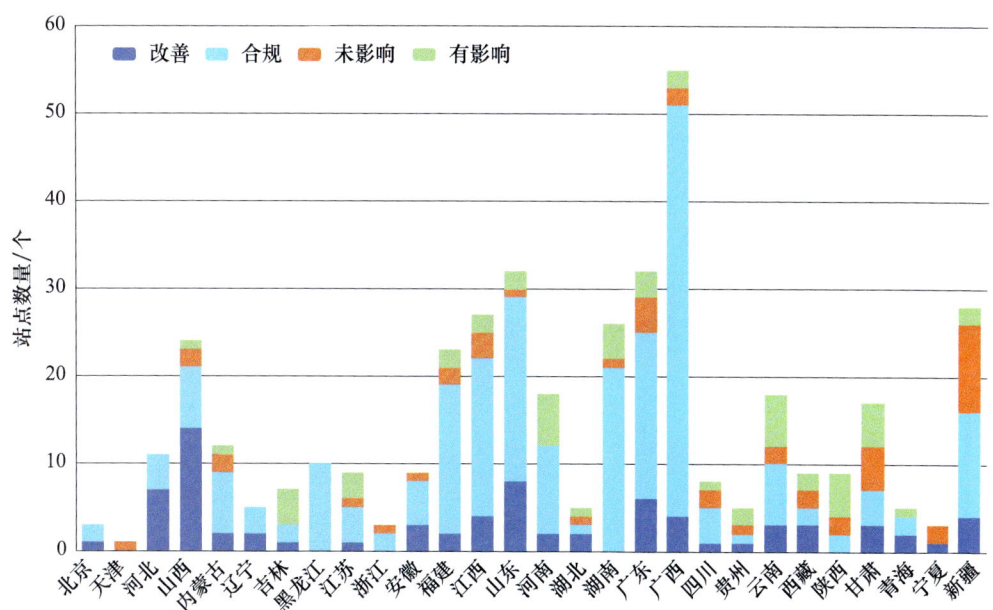

图1.13 2021年国家级地面气象站探测环境变化

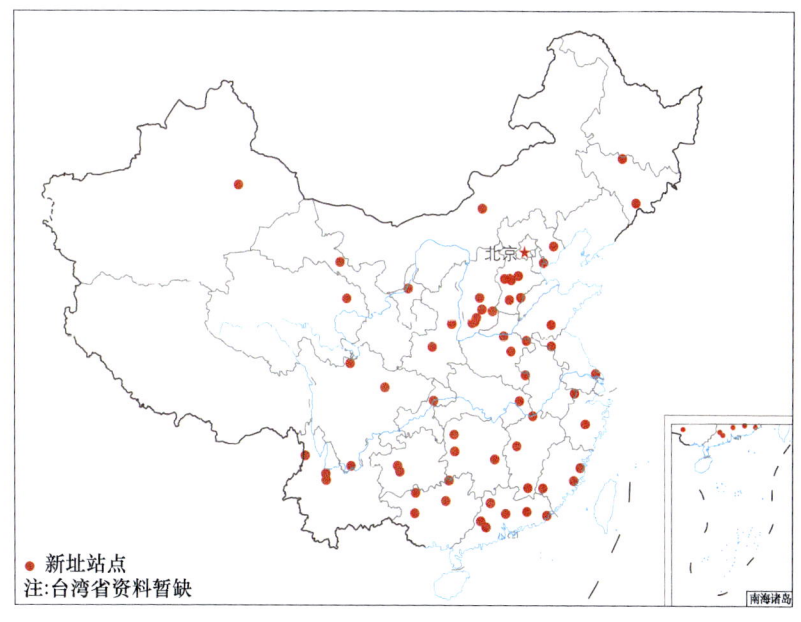

图1.14 2021年国家级地面气象站启用新址观测站点分布

第二章 观测数据质量评估

2021年,八类观测(新一代天气雷达、土壤水分、地面观测、探空、雷电、风廓线雷达、GNSS/MET、大气成分气溶胶)数据累计质控6.6亿余站次,新一代天气雷达勘误9350站次。各观测设备除GNSS/MET外平均数据正确率均达到评估标准,土壤水分、探空、雷电、气溶胶较2019、2020年相比正确率有所提升,新一代天气雷达、风廓线雷达、GNSS/MET正确率略有降低,地面观测与2019、2020年基本持平,如图2.1所示。

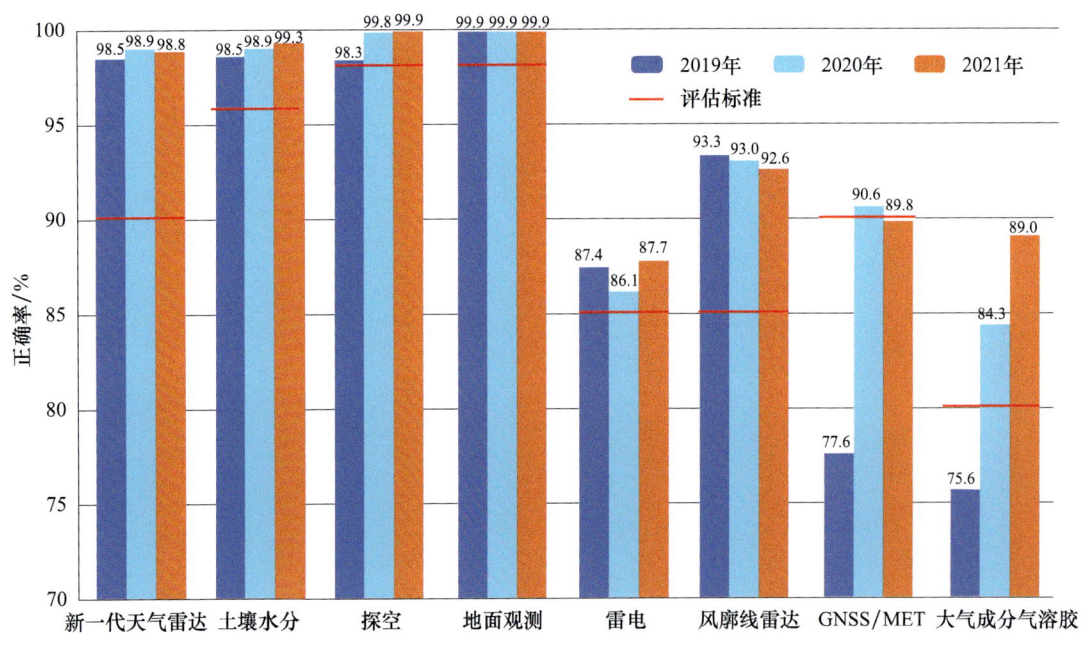

图2.1 2019—2021年综合气象观测数据质量统计

一、新一代天气雷达

全国新一代天气雷达观测数据正确率达98.8%,较2020年下降0.1%。2021年各月天气雷达观测数据正确率均达评估标准(≥90.0%),其中,最高为99.1%(1、11、12月),最低为98.3%(9月),如图2.2所示。

电磁干扰对新一代天气雷达数据质量影响相对较大。天气雷达基数据质量问题主要由下列3类原因引起:电磁干扰、地物回波、设备异常。其中,电磁干扰出现的频次比较多,占全部数据质量问题的55.3%;其次是地物回波,占35.3%;设备异常占9.4%,如图2.3所示。电磁干扰问题在SA型雷达和CC型雷达中较为突出,占比分别为34.1%和21.7%,其次为CB型雷达,占比为14.4%,如图2.4所示。

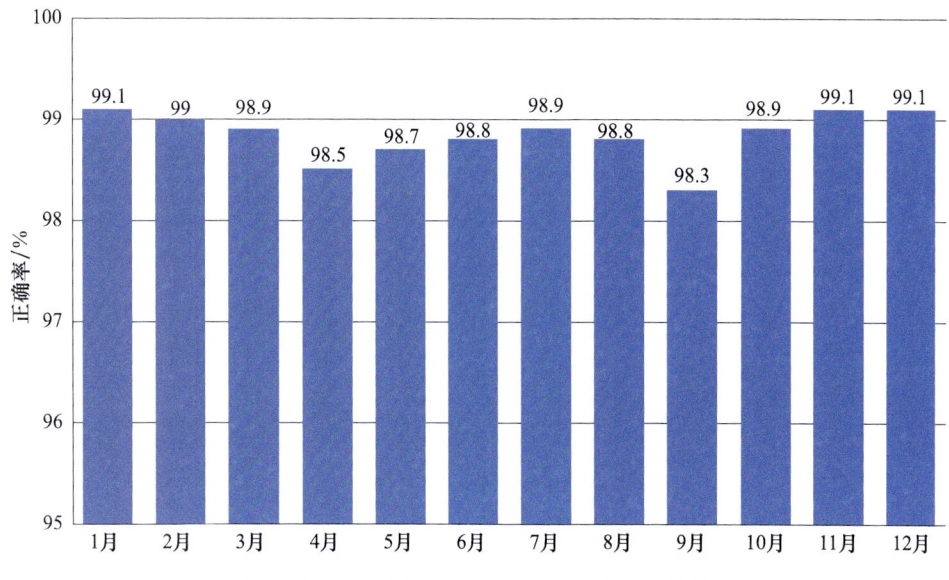

图2.2　2021年天气雷达逐月观测数据正确率

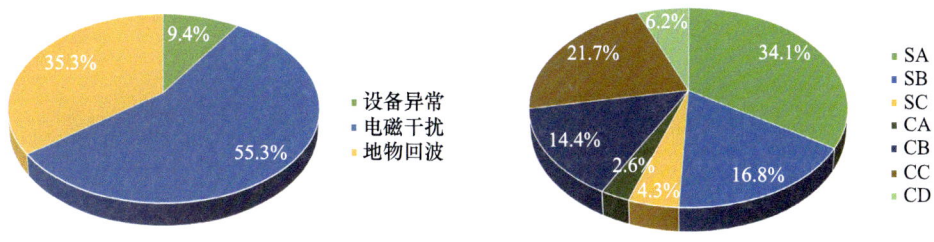

图2.3　天气雷达观测数据质量问题　　图2.4　各型号天气雷达电磁干扰疑误数分布

二、风廓线雷达

全国风廓线雷达观测数据正确率为92.6%,达到评估标准(≥85.0%),较2020年下降0.4个百分点。各月风廓线雷达观测数据正确率均达评估标准,其中,最高为95.4%(7月),最低为89.4%(11月),如图2.5所示。

风廓线雷达探测水平风场与同址探空对比结果与国际水平相当。2021年,全国业务考核风廓线雷达中共有11部与探空站同址,对2021年1—12月同址站点的两类设备水平风结果分析,U分量标准差为3.2 m/s,V分量标准差为3.0 m/s,较2020年均增大0.3 m/s,平均结果略高于国际水平(2.8 m/s),如图2.6所示。

风廓线雷达数据与CMA模式场对比一致性较好。水平风U、V分量两者标准差分别为2.4 m/s和2.2 m/s,较2020年标准差均降低0.8 m/s,总体上一致性较好。逐月对比结果显示,两者对比水平风U、V分量标准差均在3.0 m/s以下,其中,6—8月最低,U、V分量标准差均在2.2 m/s以下,如图2.7所示。

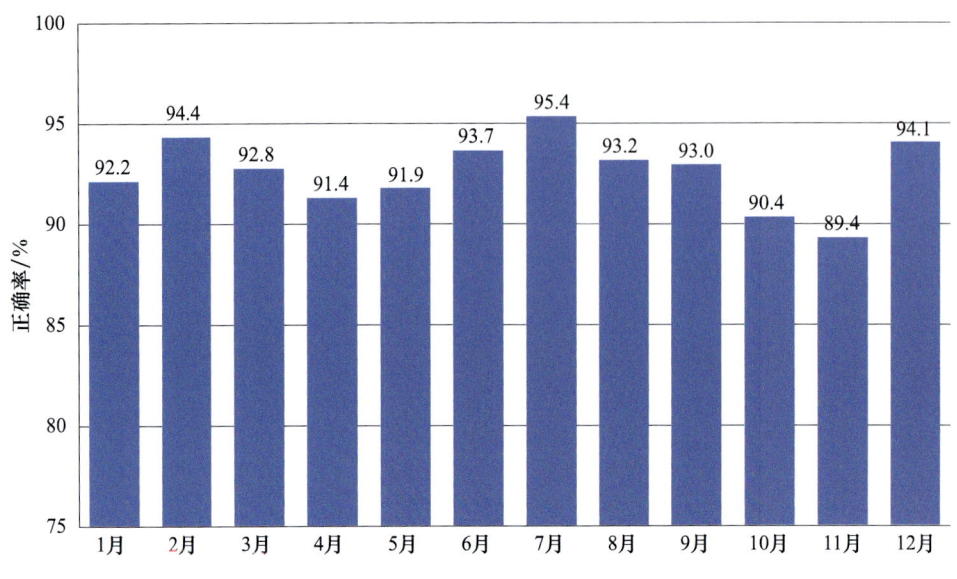

图 2.5 2021 年风廓线雷达逐月观测数据正确率

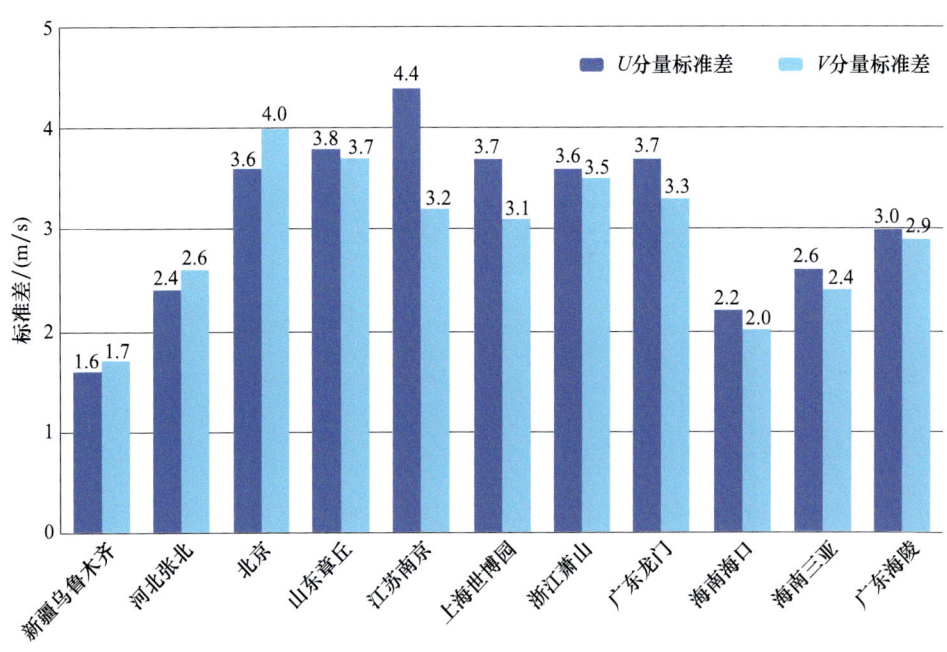

图 2.6 2021 年风廓线雷达与探空数据对比 U、V 分量标准差各站分布

三、探空

探空观测数据整体质量稳中有升，高于Ⅱ区协和全球平均水平。2021 年，全国探空站观测数据正确率为 99.9%，较 2020 年提升 0.1 个百分点。88 个全球交换站正确率为 99.9%，比Ⅱ区协地区平均正确率高 15.0%，比全球平均正确率高 16.2%，与全球第一梯队相差 0.1%，

如图2.8所示。采用国际通用标准,通过CMA模式背景结果分析,将中国88个探空站与Ⅱ区协288个探空站和全球区域771个探空站的温度、位势高度、风向、风速四个观测要素对比发现,2021年全国88个全球交换站的温度、位势高度、风向、风速均方根误差分别为1.4℃、15.8 gpm、8.1°和3.2 m/s,温度和风速与Ⅱ区协和全球基本持平,位势高度、风向则略小于Ⅱ区协平均水平,如图2.9所示。

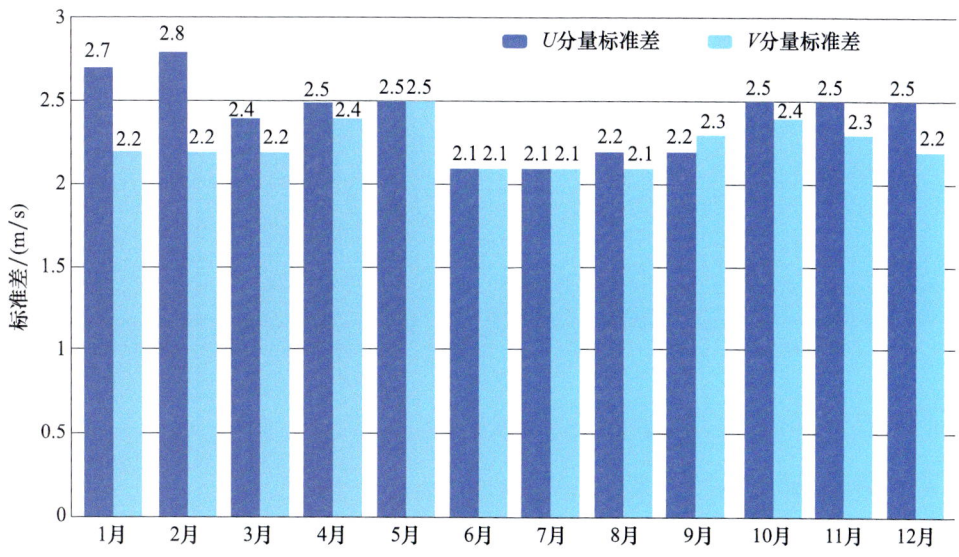

图2.7 风廓线雷达与GRAPES数据对比U、V分量标准差逐月分布

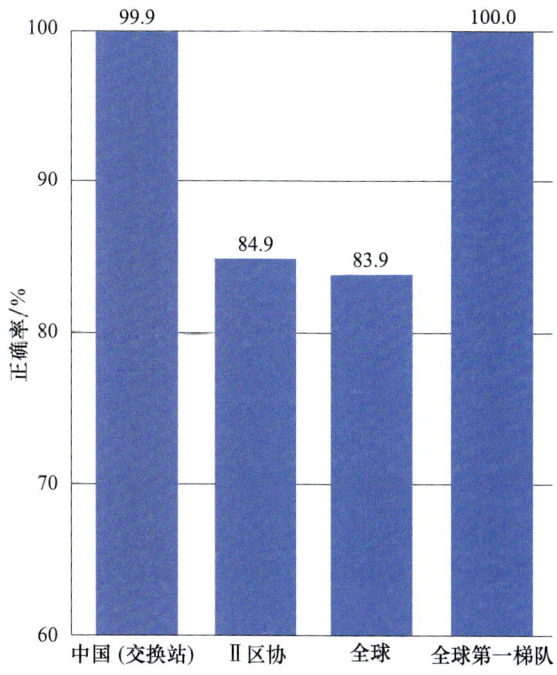

图2.8 2021年中国、Ⅱ区协、全球平均和全球第一梯队探空观测数据正确率

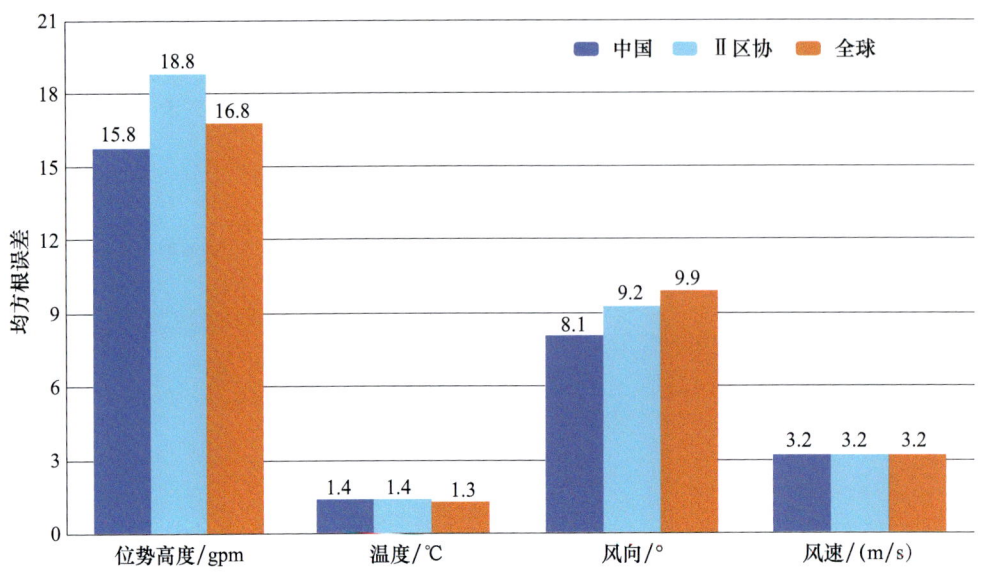

图 2.9　2021 年中国、Ⅱ区协和全球交换探空数据质量各要素均方根误差

探空系统位势高度、温度、风向、风速正确率均达到评估标准（≥98.0%）。各型号设备位势高度、温度、风向和风速数据正确率均高于 99.5%，如图 2.10 所示。

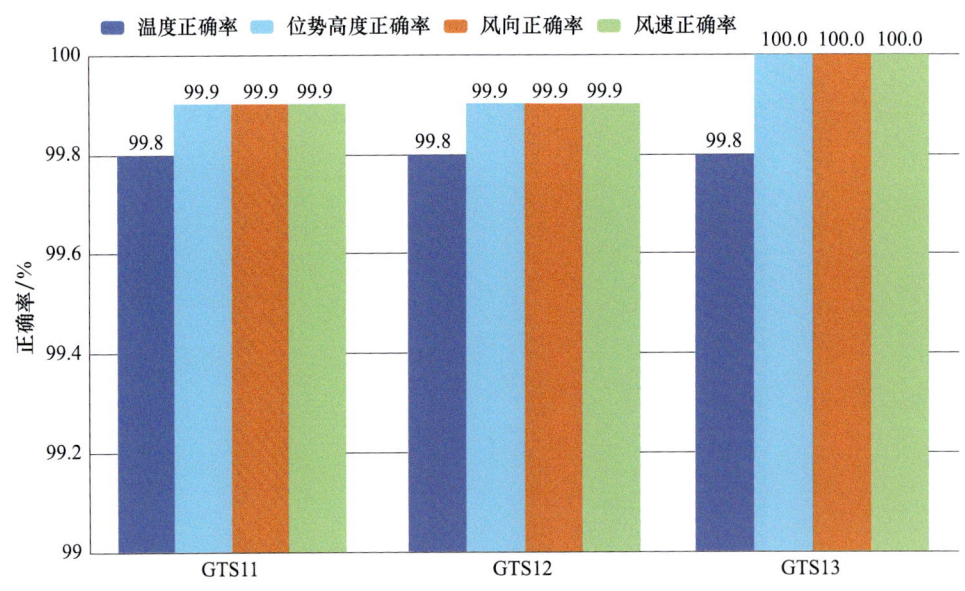

图 2.10　2021 年全国各型号探空观测数据正确率

四、GNSS/MET

全国 GNSS/MET 站点观测数据正确率 89.8%，较 2020 年下降 0.8 个百分点，未达到评

估指标(≥90.0%)。四种主要型号中 LEICA、TPS LEGACY 和 YQS1 数据正确率未达到评估标准,TRIMBLE 型数据正确率达到评估标准。其中,正确率最高为 91.4%(TRIMBLE 型),最低为 72.8%(TPS LEGACY 型),如图 2.11 所示。

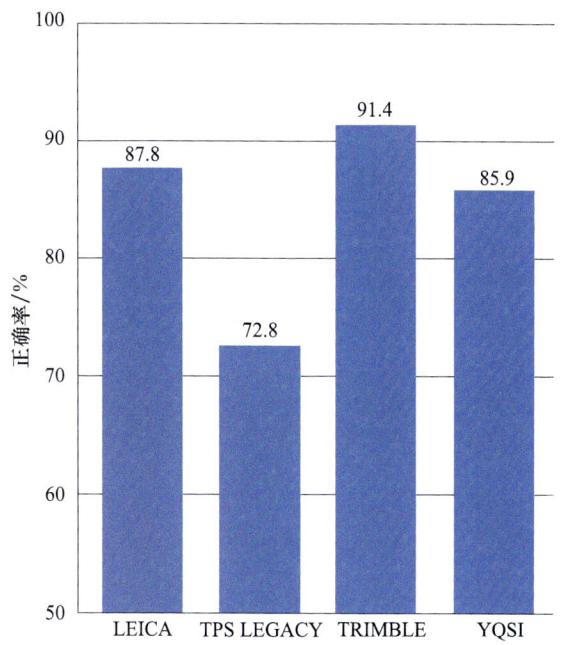

图 2.11 2021 年全国各型号 GNSS/MET 观测数据正确率

2021 年,影响 GNSS/MET 观测质量的主要因素是设备故障、数据传输故障、数据格式错误等,如图 2.12 所示,占比分别为 29.2%、21.8% 和 21.8%。

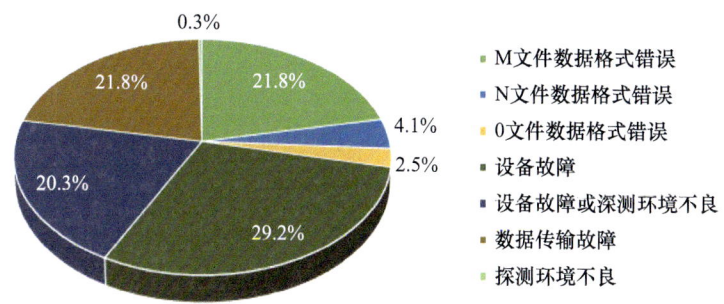

图 2.12 2021 年全国 GNSS/MET 观测质量问题主要影响因素占比统计

五、雷电

2021 年全国雷电观测数据正确率达 87.7%,较 2020 年提升 1.6 个百分点。ADTD、DDW1 型雷电观测数据正确率均达到评估标准(≥85.0%),其中 DDW1 为 95.4%,ADTD 为 85.2%,如图 2.13 所示。

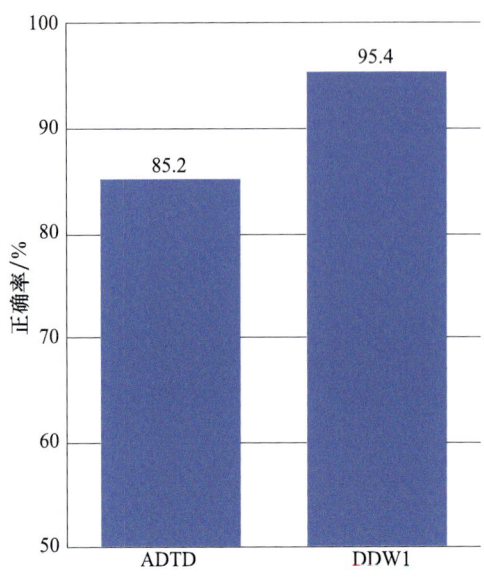

图2.13　2021年全国各型号雷电观测数据正确率

导致雷电设备数据出现质量问题的原因以闪电信号处理和时间测量等工作状态检查异常为主(占85.9%)。2021年,全国雷电状态数据晶振问题占49.5%、自检问题占36.4%,表征设备在信号处理、时间测量等方面出现了问题,主要由部件老化、环境或自身干扰、设备或组件故障等引起,如图2.14所示。

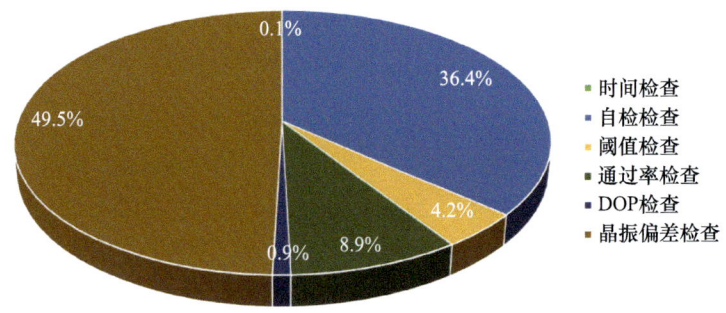

图2.14　2021年全国雷电数据质量问题情况占比

六、地面观测

国家级地面气象观测站观测数据正确率与2020年持平,全年均在99.0%以上,均达到评估标准。各型号观测数据正确率均达评估标准(≥98.0%),在99.9%以上。与2020年相比,CAWS3000和DZZ6型号数据质量提升最为显著,分别提高0.29%和0.30%,如图2.15所示。在地面气象观测要素中,气压、最大气压、最大地温、相对湿度等要素的数据质量可疑/错误数量相对较多,分别占可疑/错误数据总量的26.5%、14.5%、8.0%、7.3%,如图2.16所示。

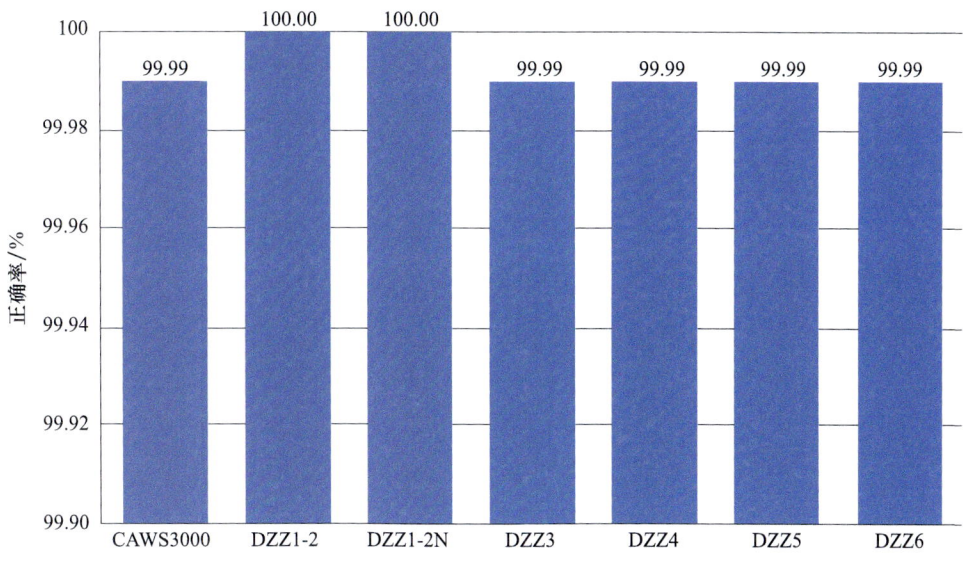

图 2.15 各型号地面气象观测站数据正确率

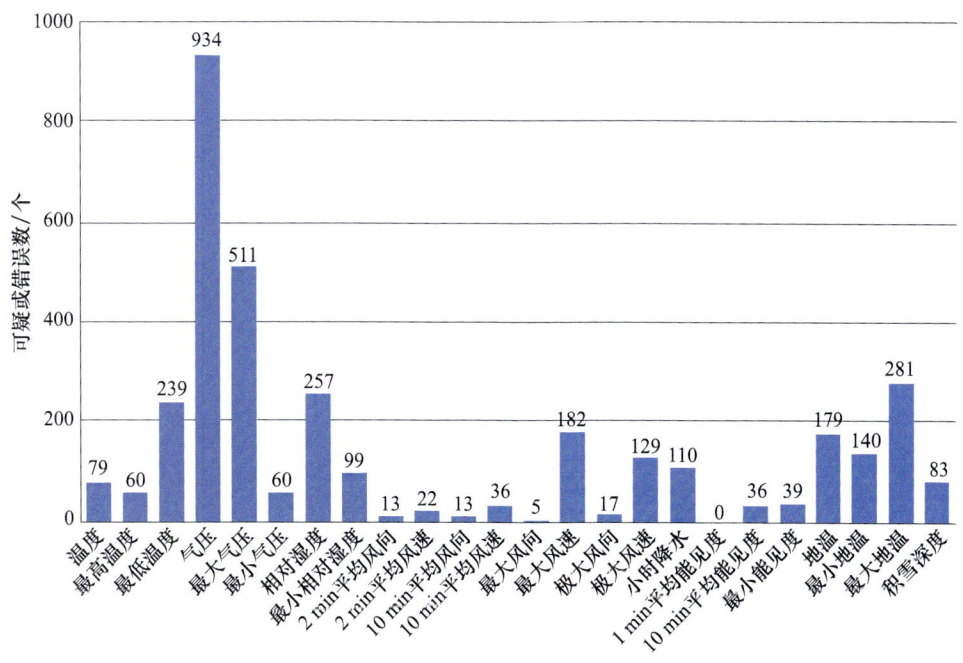

图 2.16 地面各类观测要素可疑/错误数量

七、土壤水分

2021年,自动土壤水分观测数据正确率为 99.3%,较 2020 年提升 0.4 个百分点。DZN1 型、DZN2 型和 DZN3 型数据质量均达到评估标准,与 2020 年相比,除 DZN2 型略有降低外,DZN1 型和 DZN3 型数据质量分别提升 0.3 个百分点和 1.0 个百分点,如图 2.17 所示。

土壤水分数据质量问题主要由设备故障或性能下降、传感器定标参数漂移和土壤水文物理常数漂移引起。在 2021 年全国土壤水分数据质量问题中,设备故障或性能下降占 37.8%

（大部分设备运行时间超过10年），传感器定标参数漂移占28.7%（当前设备需要开展跨越干、湿两季标定，部分站点未按照规范开展标定），土壤水文物理常数漂移占33.5%（常数需要每5年测量一次，大部分站点超期未测量），如图2.18所示。

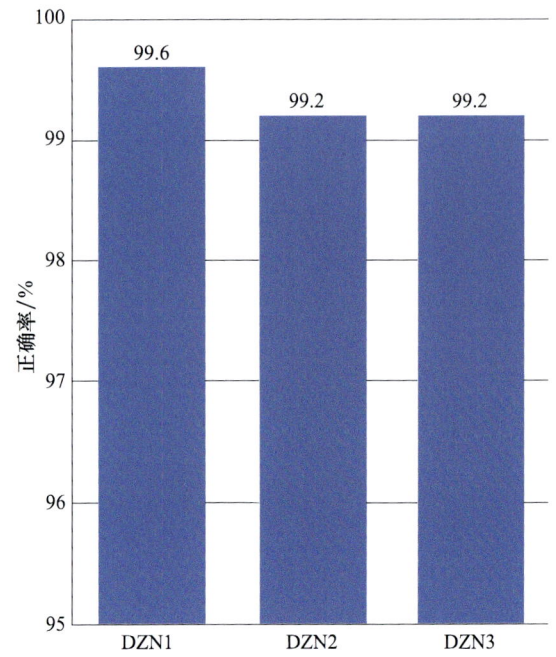

图2.17　2021年全国各型号自动土壤水分站数据正确率

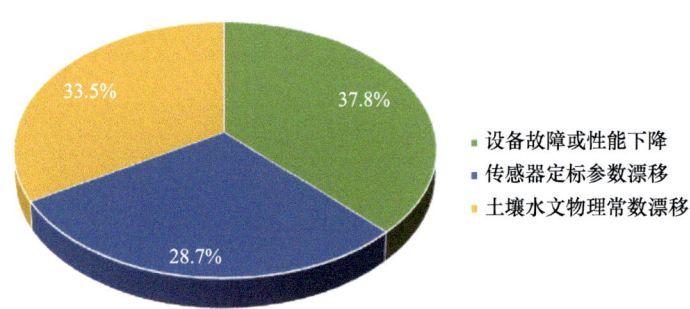

图2.18　土壤水分观测数据质量问题占比

八、大气成分

2021年，全国气溶胶质量浓度观测数据正确率为89.0%，较2020年提高4.7个百分点；黑碳观测数据正确率为84.5%，降低13.1个百分点；反应性气体观测数据正确率为84.8%，提高4.5个百分点，均达到评估标准（≥80.0%）。各型号气溶胶质量浓度观测设备的数据正确率略有差异，最高为96.9%（蓝盾LGH系列），最低为80.0%（ESA MP101型），如图2.19所示。

黑碳观测设备只有AE31和AE33两种类型，均为进口设备，AE31数据正确率为84.0%，AE33数据正确率为88.0%。

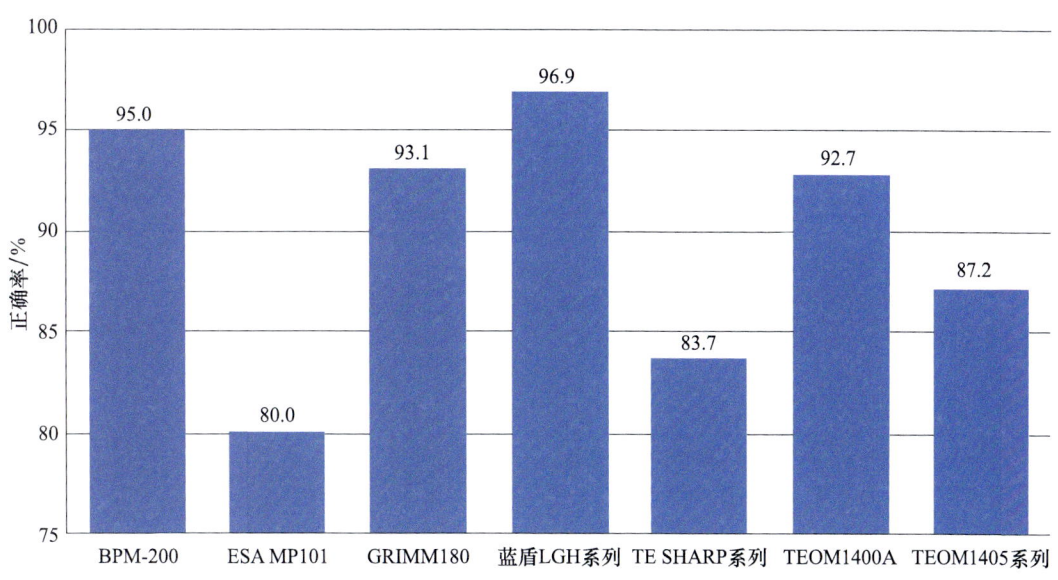

图 2.19　不同类型气溶胶质量浓度观测设备数据正确率

各型号反应性气体观测数据正确率略有差异,最高为 99.8%(聚光系列),最低为 92.4%(TE 系列型),如图 2.20 所示。

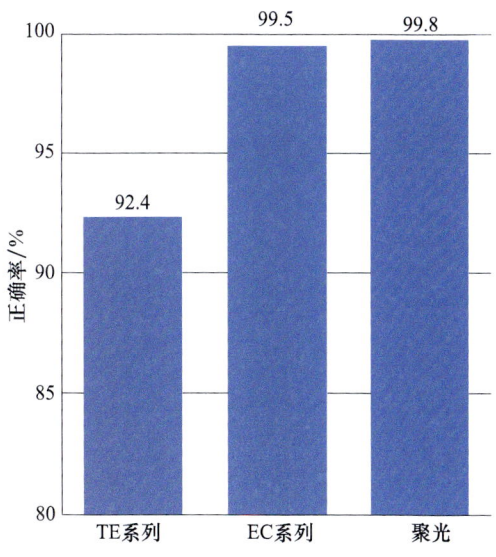

图 2.20　各型号反应性气体数据正确率

第三章 观测网运行质量

一、整体运行情况

全国各类观测网平均业务可用性均达标,且维持在较高水平(图 3.1)。2021 年新一代天气雷达观测网平均业务可用性 99.59%,较 2020 年提升 0.69 个百分点,平均实际运行时间 4009.69 h,平均无故障工作时间为 2595.76 h,较 2020 年同期增长 16.07 h。探空观测网平均业务可用性均达到 100.00%,与 2020 年持平。雷电观测网平均业务可用性为 98.04%,较 2020 年下降 0.38 个百分点。国家级地面气象观测网平均业务可用性为 99.99%,与 2020 年持平。土壤水分观测网平均业务可用性为 95.81%,较 2020 年下降 2.79 个百分点。大气成分观测网气溶胶质量浓度平均业务可用性为 93.81%,较 2020 年提升 1.89 个百分点。

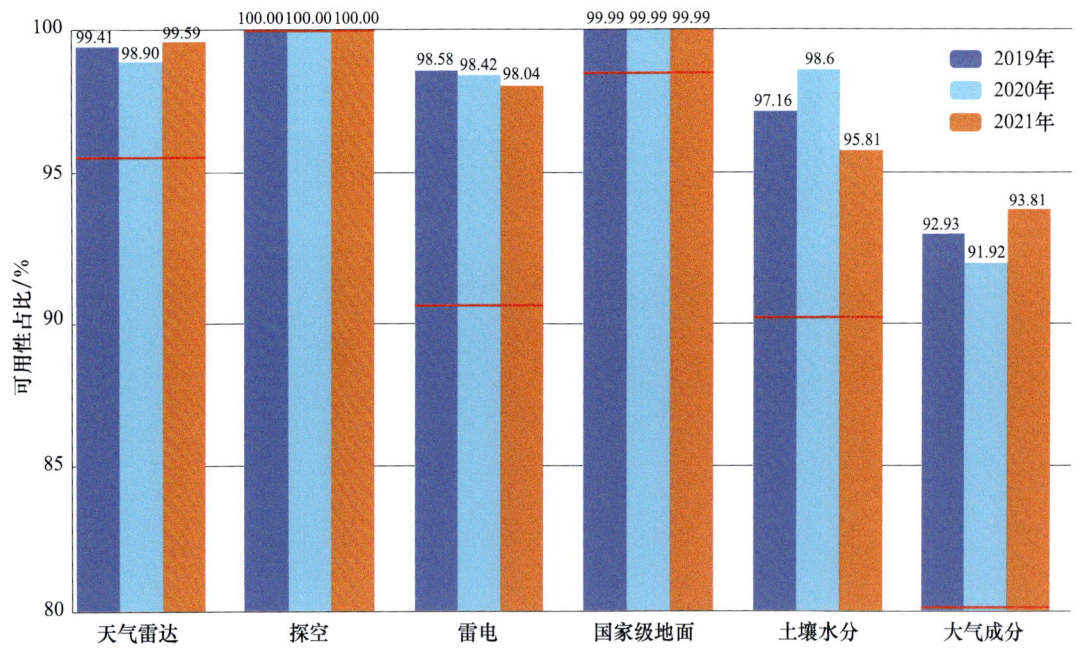

图 3.1 2019—2021 年综合气象观测网考核设备平均业务可用性

二、维护维修保障

全国各类观测网维护维修保障及时,平均故障修复时间明显减少(图 3.2)。2021 年,全国新一代天气雷达观测网平均年维护持续时间 51.50 h,月维护持续时间 5.07 h,周维护持续时间 1.41 h,均符合维护时间业务规定,平均故障次数为 1.76 次,平均故障修复时间 4.19 h,较 2020

年减少 1.68 h；探空观测网平均故障次数为 0.43 次，平均故障修复时间为 16.78 h，较 2020 年减少 3.62 h；雷电观测网平均故障次数为 0.97 次，平均故障修复时间为 21.96 h，较 2020 年减少 12.92 h；国家级地面气象观测网平均故障次数为 1.59 次，平均故障修复时间为 11.79 h，较 2020 年减少 1.77 h；土壤水分观测网平均故障次数为 0.71 次，平均故障修复时间为 29.44 h，较 2020 年减少 5.00 h。

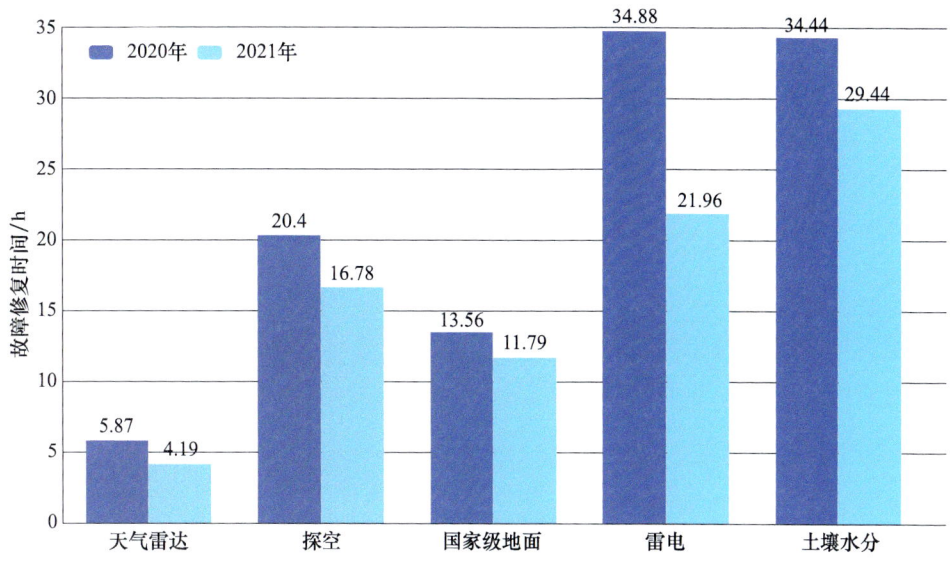

图 3.2　2021 年观测网平均故障修复时间

三、故障分析

天气雷达故障总计 395 次，以发射系统为主。2021 年全国新一代天气雷达观测网故障主要发生在发射系统、天伺系统和通信系统（占比分别为 23.9％、23.2％和 15.4％），如图 3.3 所示。其中，CA/CAD 型发射系统故障率占比为 25.0％，CB 型发射系统故障率占比为 50.0％；CC 型天伺系统、发射系统故障率占比分别为 26.9％和 23.1％；CD/CDD 型发射系统、通信处理系统故障率占比分别为 23.6％和 22.8％；SA/SAD 型天伺系统、发射系统故障率占比分别为 33.3％和 20.0％；SB 型天伺系统、发射系统、通信系统故障率占比分别为 28.6％、21.4％和 21.4％；SC/SCD 型发射系统、通信系统故障率占比均为 27.8％。

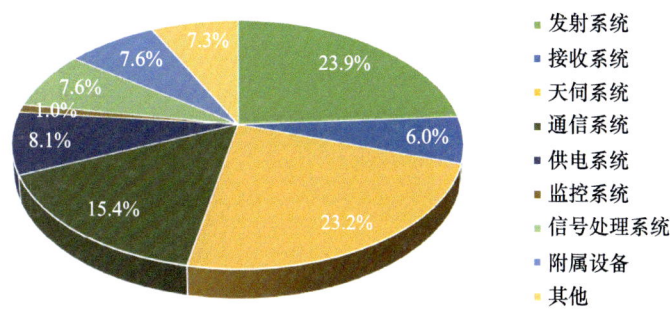

图 3.3　2021 年全国新一代天气雷达故障分布

探空观测网故障总计51次,天线装置故障最为频繁。2021年,全国探空观测网故障主要发生在天线装置和主控箱(占比分别为46.2%和21.2%),如图3.4所示。

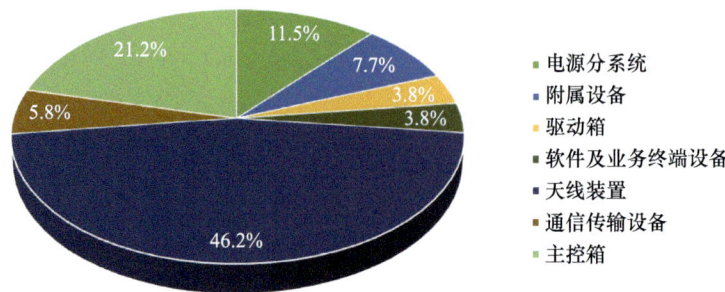

图 3.4　2021年探空观测网故障分布

全国探空仪合格率为94.38%。2021年,总计施放探空仪87056个,合格探空仪为82164个。三个探空仪厂家中,南京大桥机器有限公司探空仪合格率相对较高(表3.1)。影响探空仪合格率的原因主要为传感器故障、无信号/信号突失故障等,其中,温度传感器故障相对较多。

表 3.1　2021年各厂家探空仪施放统计表

生产厂家	型号(规格)	施放数/次	合格数/次	合格率/%
南京大桥机器有限公司	GTS11	29019	27588	95.07
上海长望气象科技股份有限公司	GTS12	25546	24007	93.98
太原无线电一厂有限公司	GTS13	32491	30569	94.08

雷电观测网故障总计422次,以通信系统故障为主。2021年,雷电观测网故障主要发生在通信系统和供电系统(占比分别为33.4%和28.4%),故障率较高的还有电子盒故障、业务终端系统故障等,如图3.5所示。

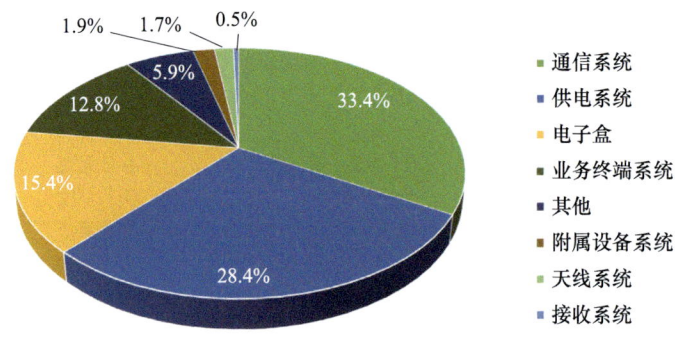

图 3.5　2021年雷电观测网故障分布

国家级地面气象观测网故障总计3862次,以传感器故障为主。2021年,国家级地面气象观测网故障主要发生在传感器、采集器、供电系统和通信系统(占比分别为32.3%、19.8%、

16.6%和15.7%),如图3.6(a)所示,其中传感器故障以温湿度、能见度、风传感器故障率相对较高,如图3.6(b)所示。

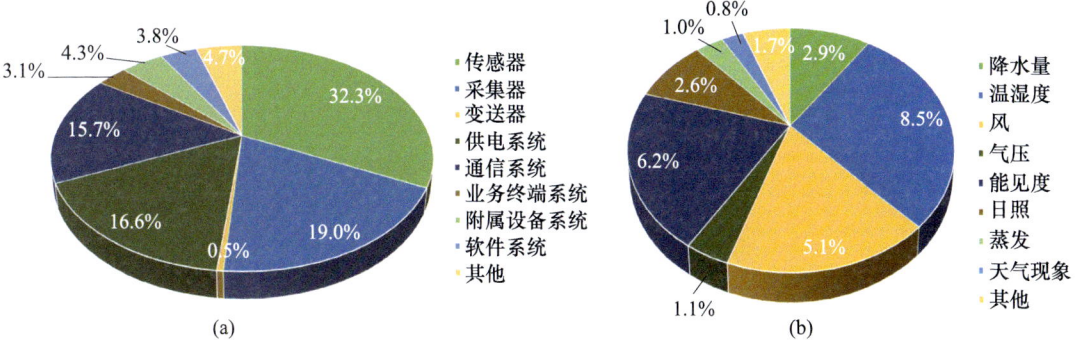

图3.6　2021年国家级地面气象观测网设备故障分布

土壤水分观测网故障总计1559次,以通信系统故障为主。2021年,全国土壤水分观测网故障主要发生在通信系统(占比42.3%),其次是传感器和供电系统(占比分别为22.8%和21.6%),其中81.5%以上故障站点建站运行时间超过8年,如图3.7所示。

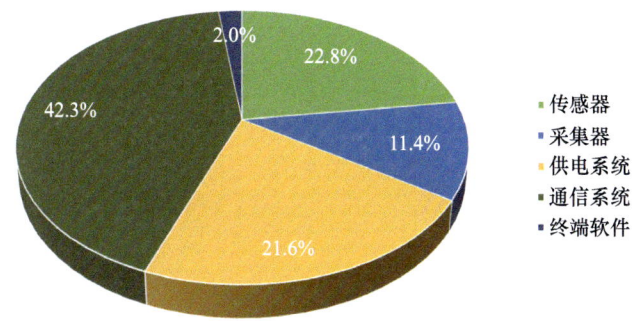

图3.7　2021年土壤水分观测网故障分布

大气成分观测网故障以采集系统故障最为明显。2021年气溶胶质量浓度观测设备故障49次,黑碳观测故障21次,反应性气体观测故障111次,以采集系统故障最为明显。气溶胶质量浓度采集系统故障占比34.7%,黑碳采集系统故障占比42.9%,反应性气体采集系统故障占比25.0%,如图3.8、图3.9及图3.10所示。

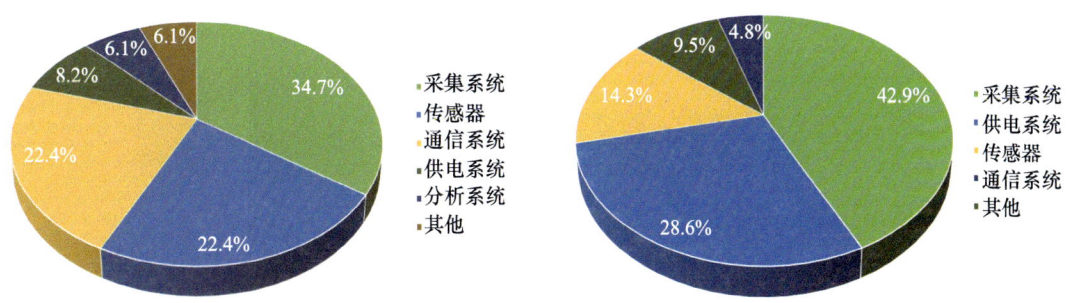

图3.8　2021年气溶胶质量浓度观测设备故障分布　　图3.9　2021年黑碳观测设备故障分布

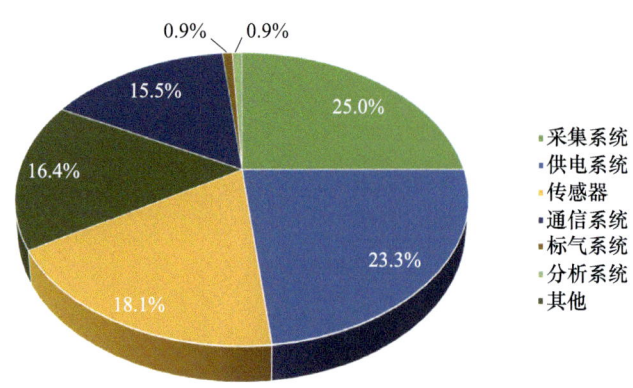

图 3.10 2021年反应性气体观测设备故障分布

四、仓储供应

2021年，持续推进仓储物资信息化，物资调配反应快速，全力做好汛期、重大气象灾害、重大活动保障的观测服务工作。持续开展全国仓储物资信息化管理工作，完善综合气象观测业务运行信息化平台仓储管理系统建设和业务使用，合理计划国家级雷达备件、应急物资储备种类及数量，确保汛期全国物资调配反应快速、应急保障有力。

2021年完成全国31省（区、市）958条编码信息统一，实现国省信息共享，实时掌握全国物资库存情况。时刻保持与应急响应区域各省装备中心联动，及时对接雷达备件、应急物资等需求，提前调拨雷达备件到站，按需求调拨应急物资，第一时间支援应急响应区域，保障观测设备稳定运行。全年共调拨国家级雷达备件201件，调拨国家级应急储备物资9次7省（市），共计214件（套），如图3.11、图3.12所示。

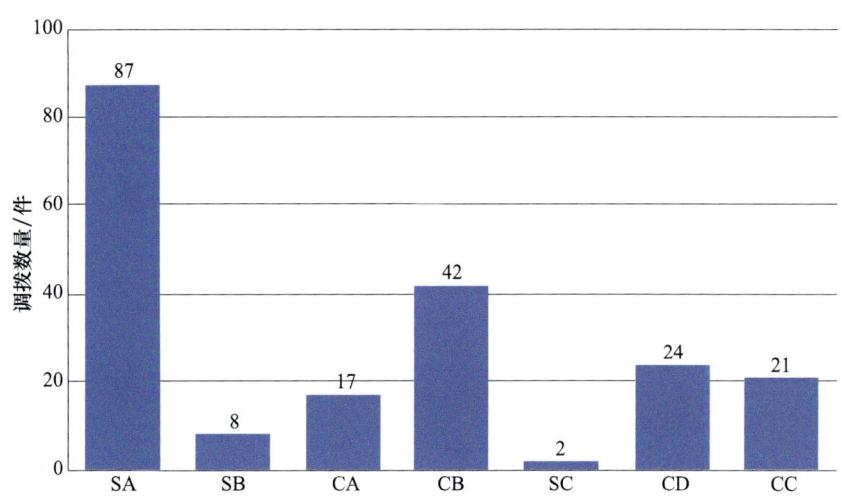

图 3.11 2021年雷达备件调拨数量

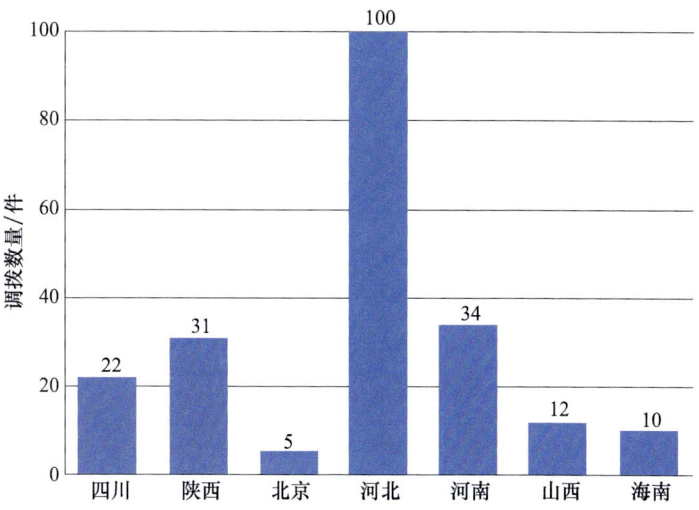

图 3.12　2021年应急物资分省调拨数量

第四章　观测质量业务能力

一、气象观测质量管理体系信息系统

质量管理体系信息系统是全国气象观测质量管理体系工作的信息化平台，系统在国家级一级部署、四级应用。该系统基于ISO 9001质量管理体系的PDCA循环理念设计，包含策划、执行、检查和改进四大子系统和系统配置模块，包含质量管理体系文件管理、八大类气象观测业务的执行过程管理、质量目标和过程绩效管理、审核管理、评审管理、用户满意度管理、风险管理、培训管理和沟通管理等十余个功能模块；同时，为适应中国气象局气象观测质量管理工作的本地化需求，开发了第三方绩效考核管理、内审检查库表管理、质量改进业务管理等功能模块。如图4.1所示，系统V2.0版本于2021年6月在国、省、市、县四级的质量管理体系工作中推广运行。截至2022年10月，系统用户近2.6万，总访问量近600万人次，系统在各级气象部门的总体利用率为97%。质量管理体系信息系统的建设和业务化运行，实现了质量管理体系全业务流程的信息化管理，提高了气象观测质量管理体系的工作效率。

图4.1　气象观测质量管理体系信息系统界面

二、天衡天衍——综合气象观测数据质量控制系统

持续开展天衡天衍算法集成融入及系统完善升级。2021年实现八大类观测67种质控算

法集成,完善和新增综合气象观测数据质量控制系统,实现地面(积雪深度、风、相对湿度)、温室气体、微波辐射计、激光雷达、云雷达、GNSS/MET等6类设备32种质控算法和7种评估算法。完善升级系统功能,增强质量监视、异常事件反馈、在线智能诊断等功能,实现观测数据质量问题反馈、质量改进在线查询和动态跟踪,如图4.2所示。

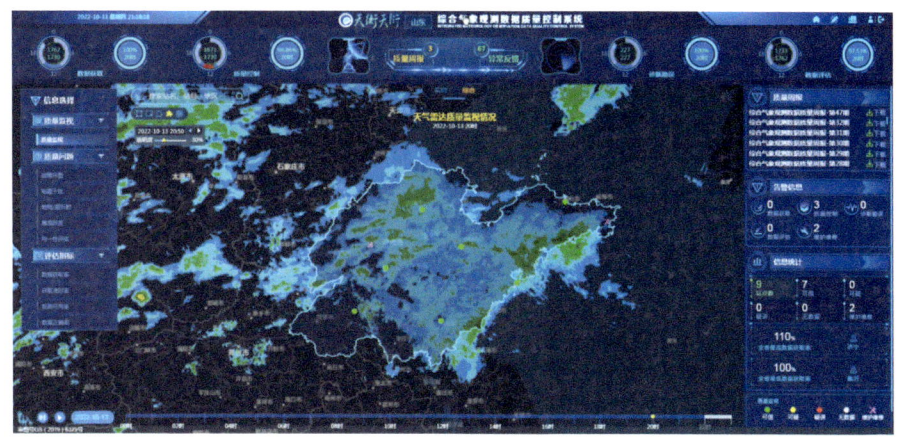

图4.2 天衡天衍——综合气象观测数据质量控制系统

天衡天衍全国推广应用并开展业务应用线上培训。2018年天衡天衍质控系统在多个省(区、市)开展试用,协助试点省份建立观测数据质控业务流程,并在预报预测和公众服务方面取得较好业务应用效益。2022年9月天衡天衍质控系统在全国范围推广应用并开展业务应用培训,全国31省(区、市)气象局900余人参加了培训,综合气象观测数据质量控制业务管理规定随系统推广应用下发。推广应用以来,系统用户量达5万余名,异常事件模块输出告警量7601站次,处理反馈2736站次。通过国省业务互动、专项问题解决等方式解决了一批难发现或长期无法处理的站点问题。

三、综合气象观测业务运行信息化平台

综合气象观测业务运行信息化平台聚焦观测业务全流程管理信息化,基于质量管理体系理念和气象大数据云平台基础环境,集约构建集观测元数据管理、装备运行管理、装备运行评估等业务功能于一体的业务与管理信息化平台。平台2021年1月1日全国业务运行,年访问量达300万人次,单日最高访问量3万人次。采用一级部署多级应用,统一数据源与用户权限,保障业务数据一致性和权威性,横向覆盖综合气象观测全业务链条,纵向贯穿国、省、市、县(站)四级业务应用,实现了综合气象观测业务一体化支撑、观测元数据权威管理、装备运行业务有机联动、远程在线维保技术支持、运行评估等。目前平台管理各类观测站点信息7万余站,各类装备维护记录343万余条,维修记录6万余条,气象观测装备68万余件,计量记录的装备17万余件等。在倡导国家级业务系统规范化、集约化建设的大背景下,伴随着功能的不断优化,平台正趋向于更加完整统一、互联互通、有机融合的整体,确保各级业务和管理部门实现信息共享和协同工作,为我国综合气象观测业务的信息化建设提供可靠支撑,其平台如图4.3所示。

图 4.3 综合气象观测业务运行信息化平台界面

第五章 观测质量改进

一、气象观测质量管理

1. 全国气象观测质量管理体系各项工作有序开展

2021年是中国气象观测质量管理体系全面通过ISO 9001认证后的第一年,是体系工作由建设期向业务化运行全面转换的第一年,2021年1月中国气象局局长批示指出,"中国气象局气象观测质量管理体系全面建成并通过ISO 9001认证是我局质量管理体系建设的一个标志性成果"。2021年国家卫星气象中心、气象探测中心以及安徽等省(区)气象局出台了《气象观测质量管理体系业务运行实施细则》,细化了本单位体系管理、运行及考核机制,提高了体系适用性;2021年完成了第二批国家级内审员培训,新增79名国家级内审员,全国国家级内审员总数达126人,省级内审员共计5077人;修订了《气象观测质量管理体系运行绩效评价指标体系》,加强对体系运行过程的管理,全国气象观测质量管理体系绩效评价平均得分93.5分,较2020年度有所提升;全年各省(区、市)气象局共收集内部用户调查问卷6048份、外部用户调查问卷9483份,用户整体满意度为97.09%,整体情况较好,其中内部用户满意度较2020年度提高3.12%,外部用户满意度较2020年度提高1.73个百分点。

2. 持续推进质量管理体系与业务深度融合

2021年,以观测业务检查为基础,编制了涵盖国、省、市、县四级单位业务过程、184个检查表组成的全国内审表库,并在全国内审检查中应用,解决了内审检查标准不统一、重点不突出、与业务融合度不够等问题。全国35个体系运行单位内审自查共发现不符合项1387个、改进建议项4978个,全国10个单位内审抽查共发现不符合项98个、改进建议项532个,其中装备维护维修、计量检定、基础设施管理等方面问题较突出,占比52.53%,确定了后续观测业务重点改进方向。2021年全国气象观测质量管理体系各业务类别改进情况如图5.1所示。

二、质量改进机制

1. 建立质量周报跟踪反馈机制,观测端数据质量得到提升

观测元数据基本实现周动态清零。观测元数据质量问题包括元数据不一致和元数据错误两大类。观测元数据不一致涉及新一代天气雷达、探空、地面观测、GNSS/MET、土壤水分5种观测类型,主要是观测元数据中经纬度、海拔等核心元数据与元数据信息管理平台不一致,观测元数据错误主要是观测站信息不规范、观测站属性错误及基础信息错误等。截至2022年10月,全国31个省(区、市)及兵团、农垦等行业气象部门共发现元数据不一致典型质量问题站点10780站,

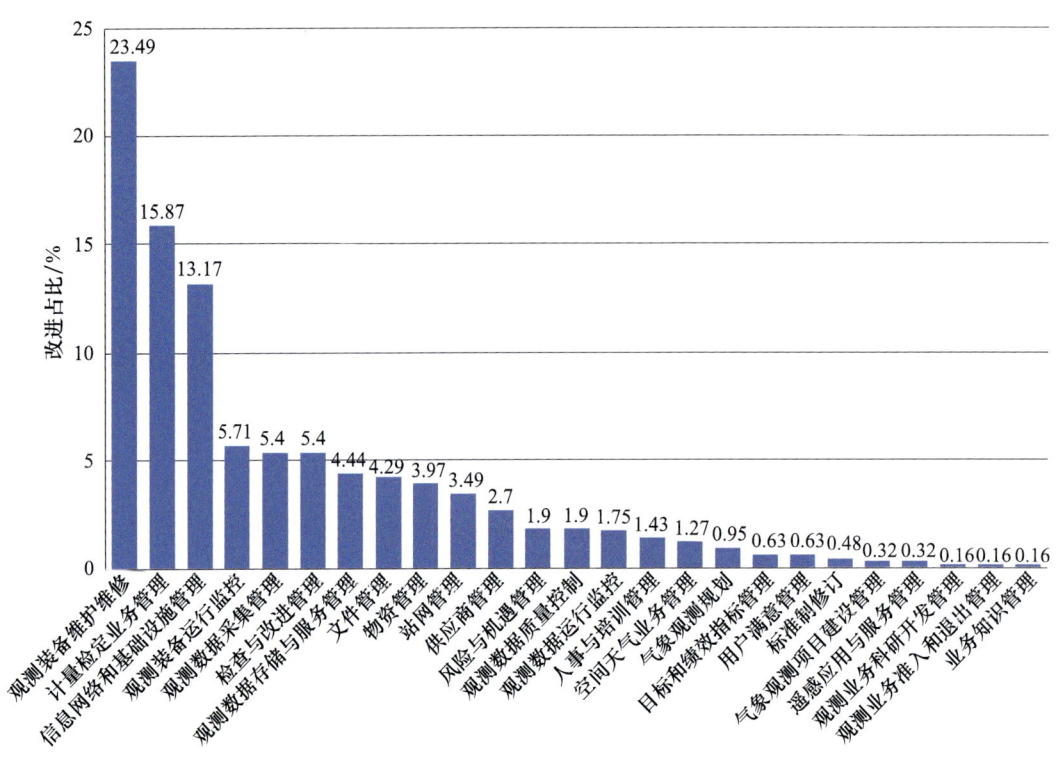

图 5.1 2021 年全国气象观测质量管理体系各业务类别改进情况统计

共 83122 站次,以地面气象观测问题站最多,共发现 73654 站次,其次为土壤水分观测问题站,共 11119 站次。经国省联动质量改进,质量问题站点逐渐减少,总改进率达 99.86%,新一代天气雷达、土壤水分、探空质量问题清零,地面观测站点基本做到即发现即整改,实现动态清零,如图 5.2 所示。

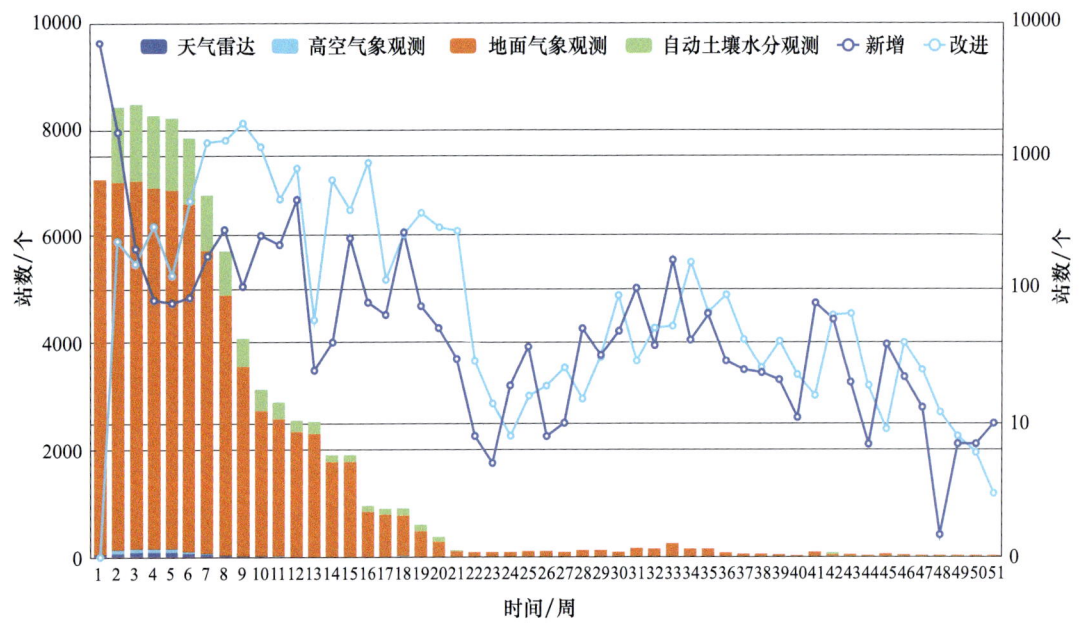

图 5.2 元数据不一致问题站 2021 年各周变化情况

全国 31 个省(区、市)及兵团、农垦等行业气象部门共发现典型数据质量问题站点 10578 站,共 81523 站次,以基础信息错误为主,质量问题改进率为 99.84%,如图 5.3 所示。

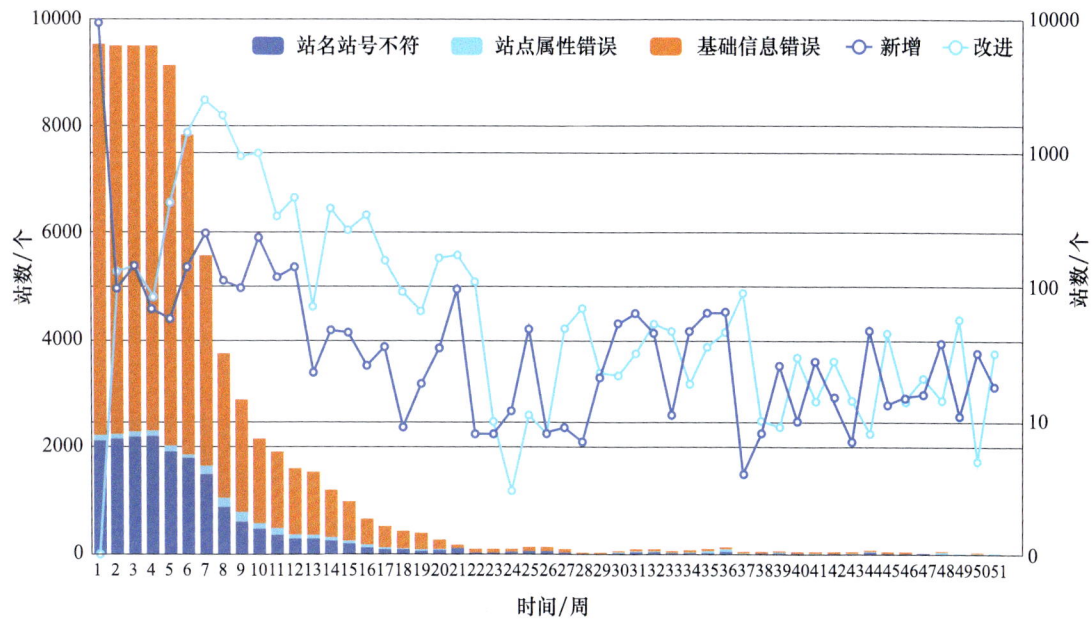

图 5.3 元数据错误问题站 2021 年各周变化情况

观测数据改进力度大,动态新增得到有效遏制。观测数据质量问题涉及新一代天气雷达、风廓线雷达、GNSS/MET、地面(降水、气压)、自动土壤水分、气溶胶质量浓度等六大类观测数据 22 种质量问题,具体如表 5.1 所示。

表 5.1 6 大类观测数据 22 种质量问题

设备种类	问题类型	设备种类	问题类型
天气雷达	电磁干扰	地面降水	设备故障
	均一性评估异常		维护维修(人为影响)
风廓线雷达	设备故障		融雪性滞后降水
	性能下降		其他质量问题
	观测参数设置/数据格式问题	地面气压	设备故障或异常
	观测与模式偏差大		数据异常偏移
GNSS/MET	探测环境不良或设备故障		其他
	设备故障	自动土壤水分	土壤水文物理常数漂移
	数据传输故障		传感器定标参数漂移
	数据格式错误		设备故障或性能下降
气溶胶质量浓度	质量浓度异常		观测与模式偏差大

全国 31 省(区、市)共发现典型数据质量问题站 1774 站,共 6733 站次。在六大类设备中,地面降水、土壤水分、GNSS/MET 问题站较多,共 1046 站(占比 58.96%)5510 站次(占比

81.84%)。截至 2022 年 10 月,各期累计改进问题站共 1710 站,总改进率达 96.39%。从 27 期起各期问题站总数逐渐下降,新增站点基本可以做到即发现即整改,如图 5.4 所示。在各设备长期问题站中,GNSS/MET 和土壤水分两类设备改进力度大,共 81 站,改进率可达 82.82%,如图 5.5 所示。

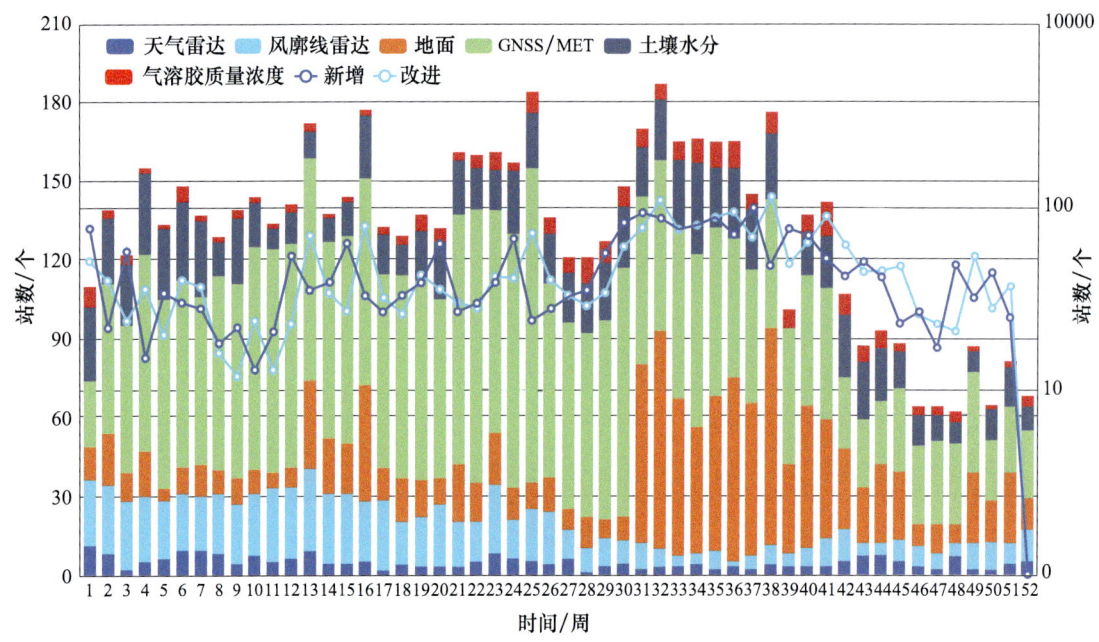

图 5.4　各设备观测数据质量问题站数 2021 年各周变化情况

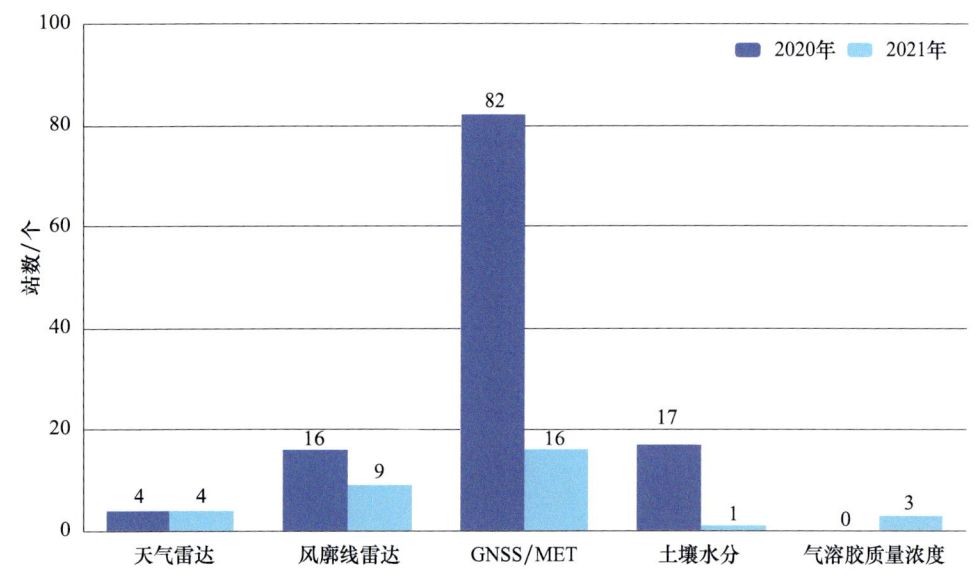

图 5.5　各设备长期问题站变化

2. 设备端应用端齐发力,天气雷达组网一致性优于 3.5 dB

积极落实质量提升年任务,综合考虑天气雷达波段、目标物分类、信噪比和水平充塞系数等因素,优化天气雷达组网一致性评估方法,同时坚持问题导向,从雷达硬件、运行维护等方面,梳理与雷达一致性相关的3大类12项问题清单。对评估发现偏差较大的站点,通过更换速调管、调整频综组件功率和馈线损耗等方式完成设备端的整改。截至2022年10月,共完成3期评估,形成共21部整改台站清单,开展2轮整改,涵盖18部天气雷达,全国天气雷达组网一致性评估标准偏差达到阶段性目标(<3.5 dB),如图5.6所示,较2020年标准偏差降低1 dB。对比来看,整改后CB和CD型号天气雷达一致性改进效果最为显著,分别降低了1.9 dB和1.7 dB。

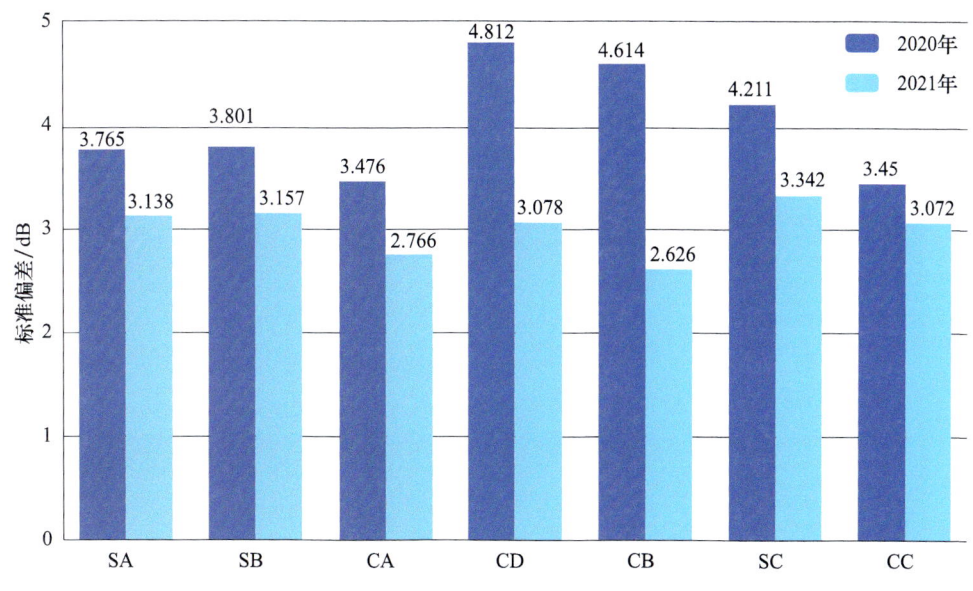

图5.6 全国天气雷达组网一致性评估标准偏差对比

3. 召开质量例会,观测端数据质量得到提升

召开质量例会4期,利用天衡天衍系统开展国省联动,建立发现问题—分析反馈—跟踪解决的全流程处理机制,尝试开展了国、省及厂家重大气象保障质量会诊,启动了全国气象部门观测质量会商,实现了上下、左右联动,如图5.7所示。数据质量室联合各业务处室和相关团队,以提升观测数据质量为目标,聚焦各省观测数据质量问题的堵点和痛点,一对一提供专项技术支持,形成质量改进任务单,加强国省站深度融合协同攻关,从源头解决观测数据质量问题。

三、典型应用案例

1. 天气雷达观测质量改进案例

实例1:软件参数设置造成故障坏图

2022年1月29日至2月4日,江西省赣州站数据正确率为72.75%,电磁干扰异常频次30次,故障坏图479次,故障坏图0.5°仰角质控前后对比,如图5.8所示。经查,赣州站雷达大修后接收机灵敏度性能指标提高,雷达探测性能增强,雷达弱回波发现能力明显改善,为获取更远的探测距离(200 km),在体扫设置中将第二层和第四层的重复频率设置为 600 Hz(标准为 1000 Hz),导致回波速度数据质量下降,滤除地杂波过程中有残留弱回波显示,造成判别为故障坏图。将第二层和第四层的重复频率设置为 1000 Hz,故障坏图消失。

图 5.7 观测质量会商

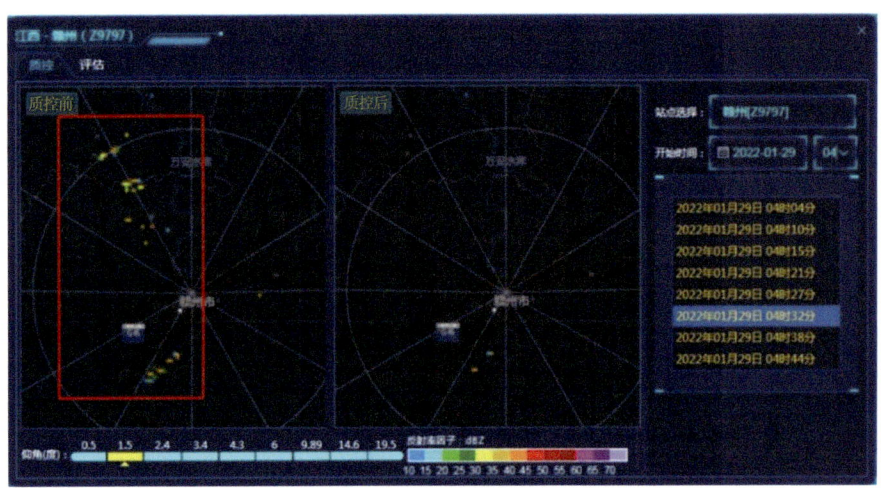

图 5.8 江西赣州站 0.5°仰角故障坏图质控前后对比

实例 2:同频干扰

2022 年 1 月 1—13 日,山西省吕梁站数据正确率为 87.24%,电磁干扰异常频次 1972 次,电磁干扰方向在北偏东 17°和 50°左右,0.5°仰角质控前后效果,如图 5.9 所示。针对存在的问题,利用测试仪表对雷达进行测试定标,雷达动态范围、回波强度和噪声系数等性能指标符合要求,初步确定该问题由"电磁干扰"引起,吕梁市气象局联合吕梁市工信局及时排查测试干扰源,现场专用仪表测试发现在雷达站北偏东 17°和 50°有无线桥网等 2 处同频干扰,当即联系干扰源所属单位,下达限期整改通知书,对干扰源及时整改,雷达干扰排除,雷达恢复正常,数据产品无异常,如图 5.10 所示。

第五章　观测质量改进

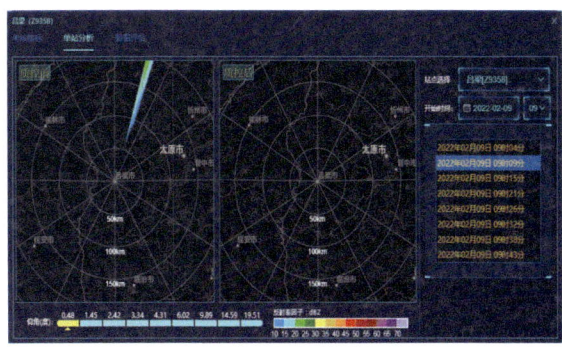 

图 5.9　山西吕梁站 0.5°仰角电磁干扰质控前后效果对比　　图 5.10　排除干扰后雷达拼图

2. 风廓线雷达观测质量改进案例

实例 1：设备故障造成探测与模式偏差持续偏高

2021 年 9 月，江苏省泗洪站风廓线雷达水平风场与模式偏差逐渐增大，有效探测高度逐渐降低，分析风廓线雷达在一定时间段内的观测与模式差异（O-B）偏高的数值出现的频次和持续时间，初步判为设备故障，如图 5.11 所示。后台站排查发现风廓线雷达一半数量 T/R 组件处于故障状态，经设备厂家测试维修，更换故障 T/R 组件后，数据评估结果恢复正常。

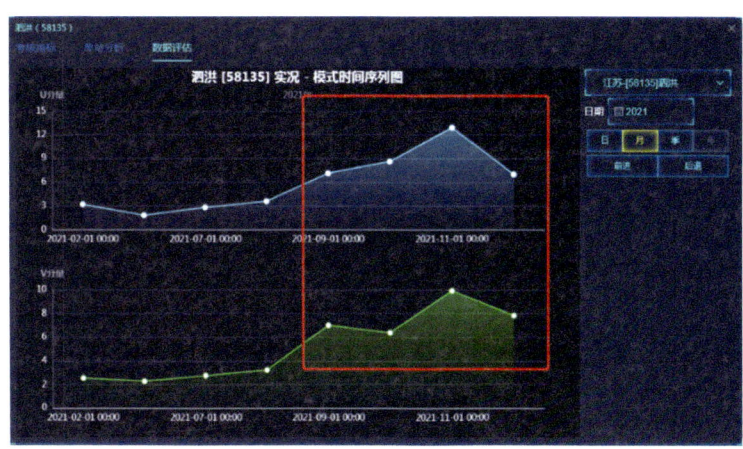

图 5.11　江苏泗洪站风廓线雷达逐月实况-模式对比

实例 2：风廓线雷达参数设置错误导致数据正确率偏低

2021 年 12 月 11—17 日，安徽省铜陵站风廓线雷达 rad 文件中波束方位字段缺少一个字节（应为 6 位字节，不足 6 位用"/"补齐），同时波束方位修正角字段设置错误，导致风廓线雷达数据计算错误，该站正确率为 0.0%。如图 5.12、图 5.13 所示。台站按照风廓线雷达通用数据格式要求，对设备观测参数和数据格式进行修改后，数据恢复正常。

3. 国家级地面气象观测站质量改进典型案例

实例 1：融雪性滞后降水导致异常数据上传

2022 年 2 月 3 日 12—16 时，湖南省张家界市永定区姚家界站出现异常降水量。经内部一致性检查出现"降水"野值的时间与气温回升到 0℃ 以上的时间一致，经空间一致性检查，同一时段多个领近区域自动站出现降水，经多源数据校验该区域附近雷达无回波，雷达估测降水无匹配数据,综合置信度58%,质量标识"可疑",反查相邻国家级台站的前期降水类天气现象数据,出现了降雪天气,如图5.14、图5.15及图5.16所示。综合以上分析,判断融雪性滞后降水可能性很大。经台站核实,确认该时段降水量为融雪性滞后降水数据,后将相应时段内数据质量标识码修改为"无降水观测任务",标识该数据不可用。

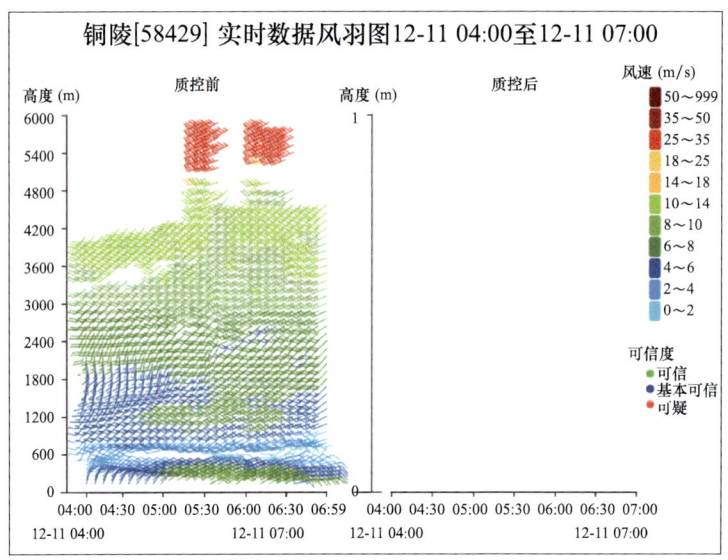

图 5.12　安徽铜陵站风廓线雷达质控前后数据对比图

```
WNDRAD 01.20
58429 0117.8547 030.9805 00011.0 PB
30 06.5 15.0 15.0 15.0 15.0 00.0 00.0 5 080 0234 25000 00.8 04 04 08.0 00.0 00120 06000
0 20211202000425 20211202000425 0 034 032 0512 001 LSNEW 00.0 00.0 00.0 160.0
RAD FIRST
00060 0000.2 0001.7-000.3
```

图 5.13　安徽铜陵站风廓线雷达 rad 文件波束方位及其修正角设置错误图

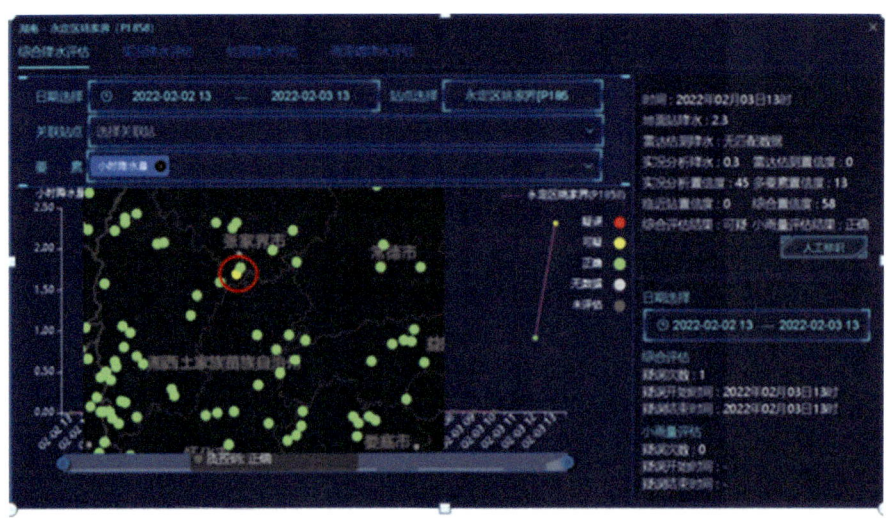

图 5.14　融雪性滞后降水异常数据上传示例

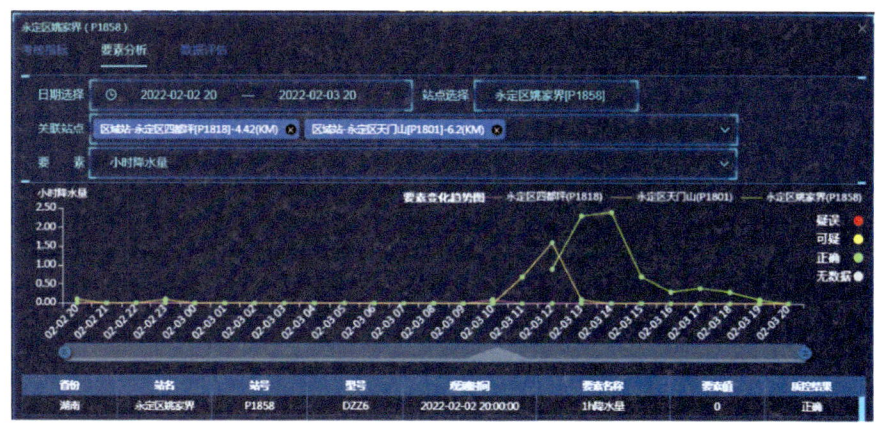

图 5.15　邻近站点融雪性滞后降水异常数据对比

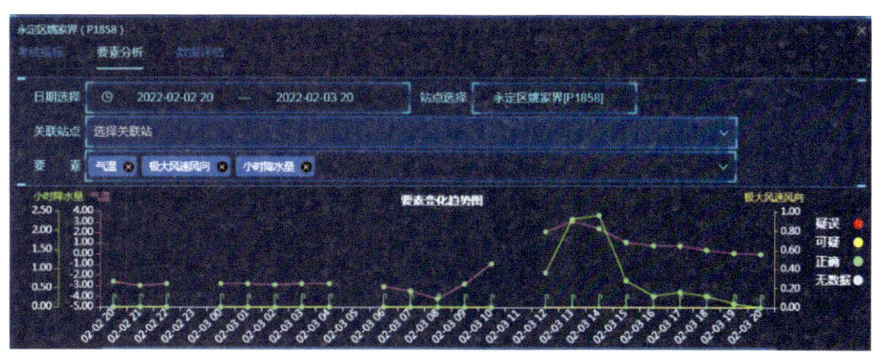

图 5.16　单站融雪性滞后降水异常数据与温度对比分析

实例 2：传感器老化导致本站气压漂移

2022年5月下旬起，广西壮族自治区田东县那拔站本站气压出现数据异常偏低，观测值与模式偏差逐渐增加，如图 5.17 所示。指导台站核查并依据相关业务规定对气压传感器进行标定或更换气压传感器。2022年5月25日台站开展维修，27日16时更换气压传感器后，本站气压恢复正常。

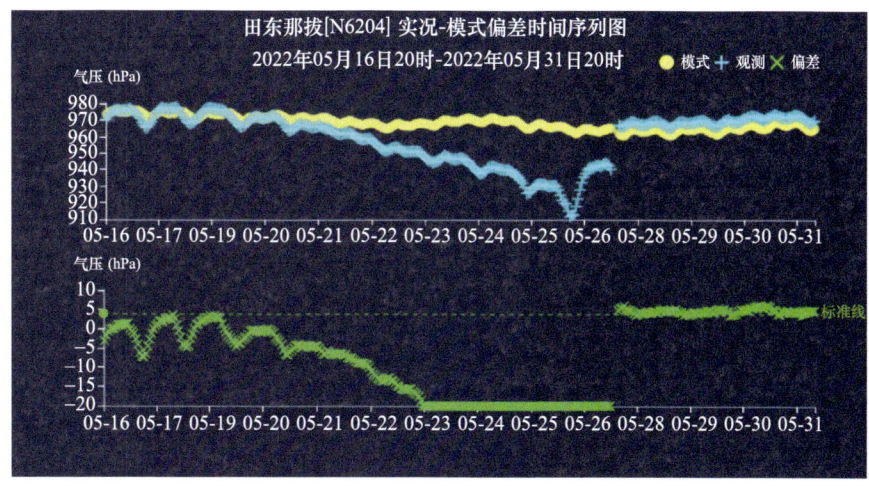

图 5.17　广西田东县那拔站本站气压出现异常偏低示例

4. 探空观测站质量改进案例

2021年8月下旬起,甘肃省马鬃山探空站多次出现位势高度观测值异常,观测与模式对比均方根误差为17.64 gpm,主要是在高层(30 hPa),如图5.18所示。指导台站核查发现,上述时段内雷达斜距凹口自动跟踪正常,探空信号接收正常,有报警声提示,雷达控制界面高差数值较大。后考虑更换探空仪发现偏差依然较大,因此判断雷达天线馈源出现故障,经台站更换配件后,位势高度偏差大的问题得以解决。

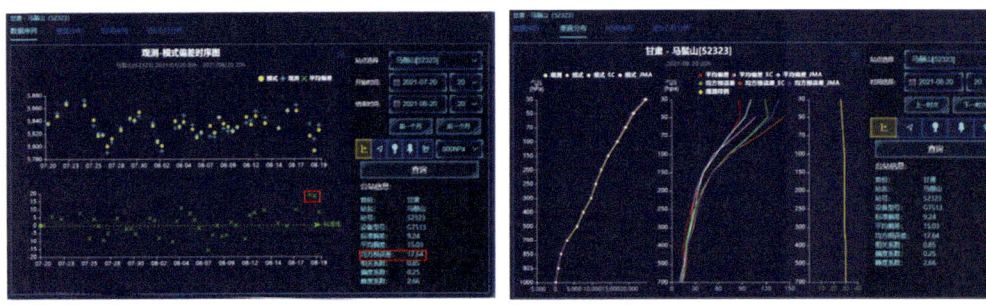

图 5.18　甘肃马鬃山站探空位势高度观测值异常

5. GNSS/MET 质量改进典型案例

实例 1:数据格式错误导致正确率偏低

2021年12月13—17日,西藏自治区昌都站 GNSS/MET 数据正确率58.8%,经核查,M文件格式检查结果为"错误",M文件正确性较低,排查发现西藏自治区气象局信息中心的气象文件生成程序进行气象文件匹配时未按时间升序将三气象要素(气压、气温、相对湿度)排序,修改后恢复正常,如图5.19所示。

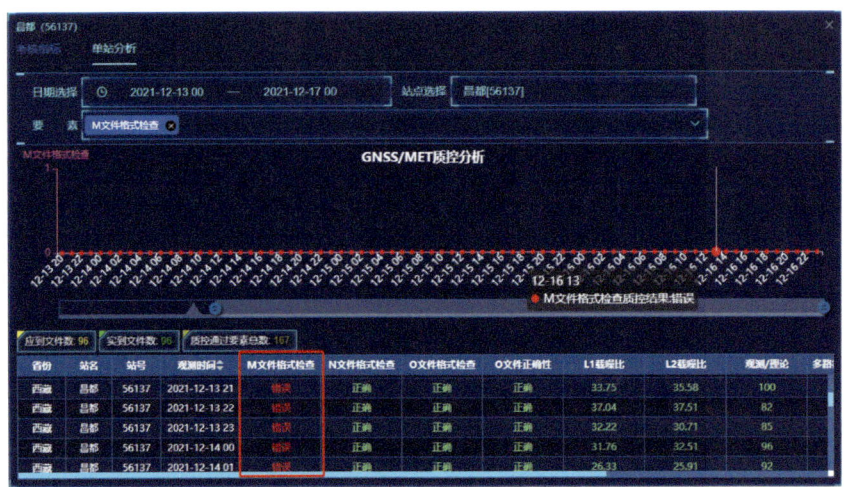

图 5.19　西藏昌都站 M 文件数据格式错误示例

实例 2:探测环境不良造成数据正确率偏低

2021年12月2—31日,新疆维吾尔自治区若羌站 GNSS/MET 数据正确率65.6%,经核查,其观测与周跳比小于100,导致O文件正确性为错误,排查发现台站周围存在电磁干扰,如图5.20所示。

2022年1月17—23日,山东省泰安站GNSS/MET数据正确率71.3%,经核查,其多路径效应MP1大于1 m,导致O文件正确性为错误,属台站周围的探测环境不良所致,如图5.21所示。

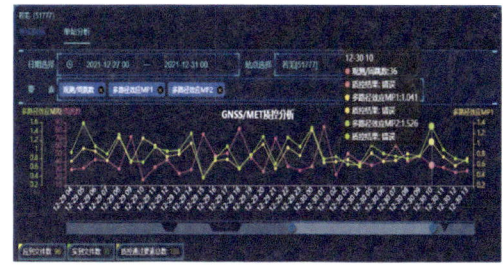
图5.20　新疆若羌站探测环境不良示例

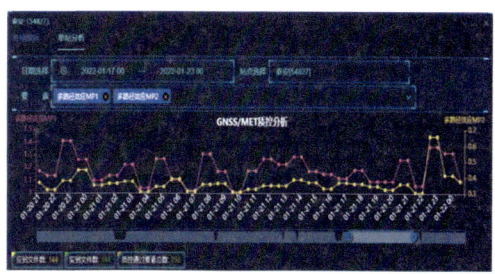
图5.21　山东泰安站探测环境不良示例

6. 雷电观测站质量改进典型案例

2022年4月13日06时,西藏自治区拉萨国家基本气象站雷电观测状态异常告警,07时正确率下降为0.0%,告知台站简单处理后,仍持续出现间断性的通过率异常告警,噪声量由最初的787上升至3419。通过对拉萨雷电观测数据持续观察分析发现,通过率质控结果为"可疑",噪声量逾限,数据获取率过低,指导台站检查设备是否存在问题。经现场排查,该站CPU板损坏。更换后,数据恢复正常。如图5.22所示。

图5.22　2022年4月13日与18日拉萨国家基本气象站雷电观测数据部分状态信息

7. 土壤水分观测站质量改进典型案例

实例1:传感器安装不规范导致土壤体积含水量长时间偏小

2021年5月8日05时,山东省武城站更换10 cm传感器后土壤体积含水量数据变小,低至10 g/cm³,如图5.23所示。检查发现台站在更换传感器时未按规范操作,造成10 cm传感器与土壤接触不良,数据偏小。台站重新规范安装传感器后数据恢复正常。

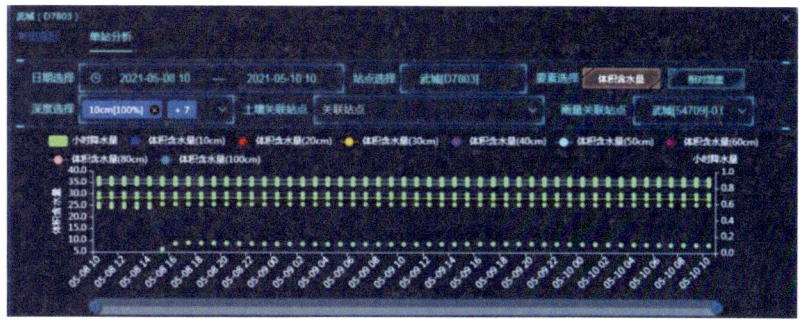
图5.23　山东武城站土壤体积含水量长时间偏小情况示例

实例2：采集器参数没有重设导致土壤体积含水量异常

2021年4月1日,山东省枣庄市山亭区水泉镇站更换采集器后,与历史数据相比,10 cm 传感器输出数据偏小很多,低至 11 g/cm³,如图5.24所示。该站的设备型号为DZN1型,检查发现更换采集器后未重新设置参数。中心站重新设置参数发送到采集器后,数据恢复正常。

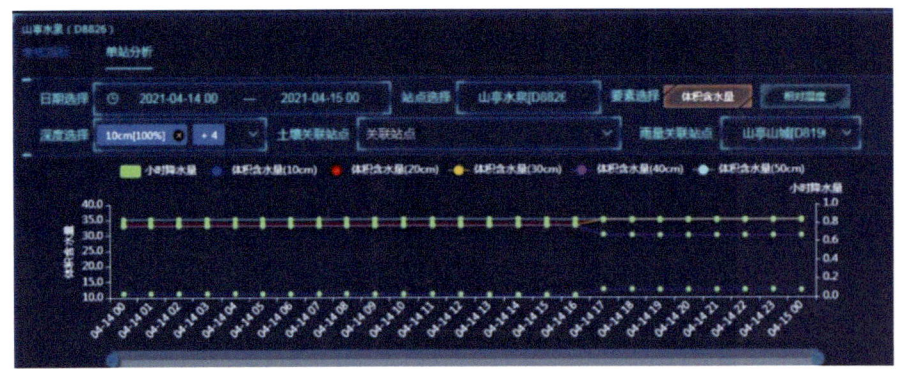

图 5.24　山东枣庄市水泉镇站 10 cm 土壤体积含水量异常情况示例

8. 大气成分观测站质量改进典型案例

2021年12月16—17日,新疆维吾尔自治区哈密站大气成分观测气溶胶质量浓度数据正确率低于80%,原因是PM_{10}不定时出现大量负值,如图5.25所示。该站使用TEOM1400a系列设备存在因老化等问题经常出现负值、剧烈振荡等情况。该站对仪器进行了维护,更换主、旁路过滤器,气-水分离器过滤芯后故障排除。

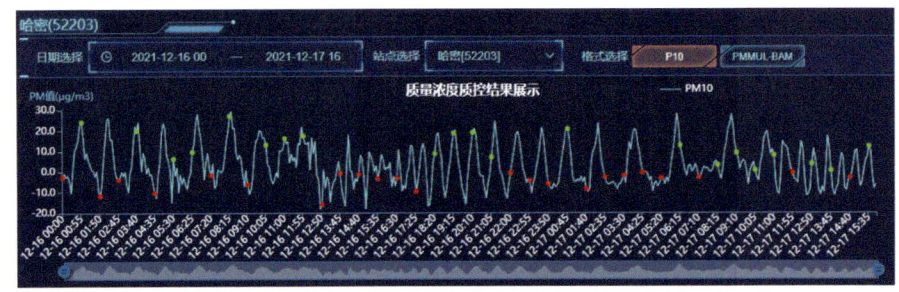

图 5.25　新疆哈密站气溶胶质量浓度异常情况示例

四、中试评估

中国气象局气象探测科技成果中试基地(以下简称中试基地)自2015年开展试运行以来,按照《中国气象局气象科技成果中试基地(平台)管理办法(试行)》要求,完善仿真业务平台,健全管理制度、流程和规范,围绕气象探测领域开展气象科技成果中试活动,取得了丰富的中试成果,于2019年向中国气象局科技与气候变化司申请正式运行并获批(气科函〔2019〕55号)。中试基地承担气象探测科技成果中试任务,以推进现代化观测业务发展为目标,2021年中试基地稳健推进基地建设,大力开展科技成果测试、评估和孵化,完成4类16种观测产品中试集成应用,发布中试月报11期;发布基于多源资料的降水现象订正产品、土壤融合产品、高精度星地融合辐射观测产品、气溶胶多源数据同化及其在雾霾沙尘天气判识应用产品、台风三维可视化、全球实况分析产品、海温融合产品中试专报共6期;通过准入制度实现大气边界层及逆温判识及产品、天气雷达拼图V3.0等10个观测产品、算法的业务转化应用。

1. 土壤融合产品评估结果优异,产品质量可靠

将中国气象局气象探测中心研发的土壤水分日值融合产品与中国气象局陆面数据同化系统(CLDAS)亚洲区域实时日值产品的土壤水分体积含水量(0~10 cm深度,单位cm³/cm³)进行比对评估(图5.26、图5.27、表5.2)。结果显示,土壤水分日值融合产品的均方根误差(RMSE)为0.06 cm³/cm³,平均误差(ME)为−0.02 cm³/cm³;较CLDAS亚洲区域实时日值产品均方根误差(RMSE)提升0.06 cm³/cm³、平均误差(ME)提升0.02 cm³/cm³。目前土壤水分日值融合产品已在天衡天衍系统中应用,产品质量可靠。

表5.2 产品评估结果

产品	RMSE/(cm³/cm³)	ME/(cm³/cm³)
土壤水分日值融合产品	0.06	−0.02
CLDAS亚洲区域实时日值NC产品	0.12	0.04

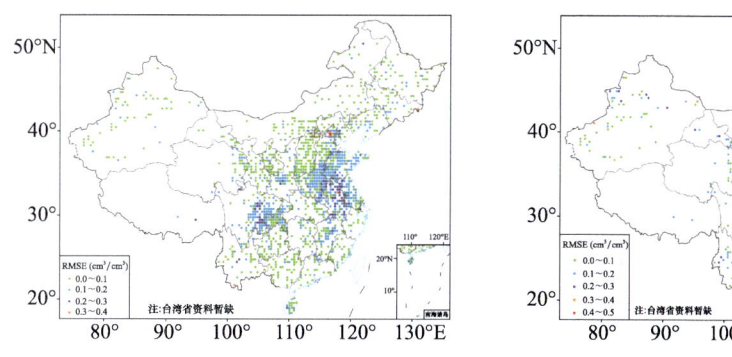

图5.26 均方根误差(RMSE)全国分布

(左:土壤水分日值融合产品 右:CLDAS亚洲区域实时日值NC产品)

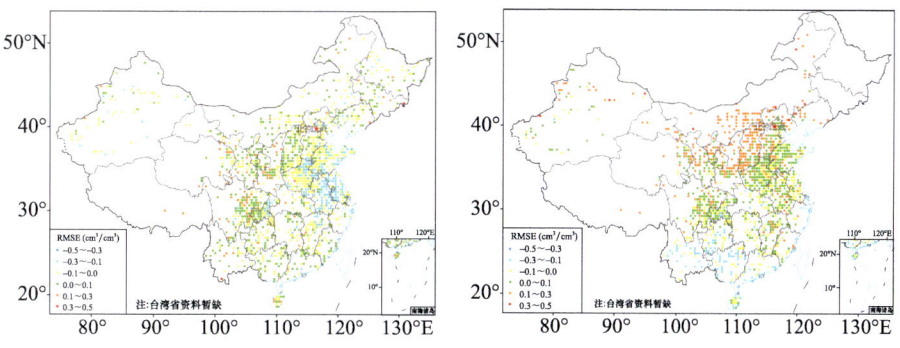

图5.27 平均误差(ME)全国分布

(左:土壤水分日值融合产品 右:CLDAS亚洲区域实时日值NC产品)

2. 台风三维可视化产品评估结果优异,产品质量可靠

中国气象局气象探测中心自主研发的台风三维可视化产品经评估检验(图 5.28、图 5.29),结果显示,台风定位产品平均偏差为 21.55 km,其中台风"烟花"偏差 16.22 km,台风"舒力基"偏差为 26.88 km;10 级风圈半径产品平均偏差 65.17 km,台风"烟花"10 级风圈半径偏差为 91.08 km;台风"舒力基"10 级风圈半径偏差为 39.25 km。综合评估结果优异(参考评估标准:台风定位产品偏差≤30 km,台风 10 级风圈半径产品偏差≤100 km),建议台风三维可视化产品在业务中推广应用。

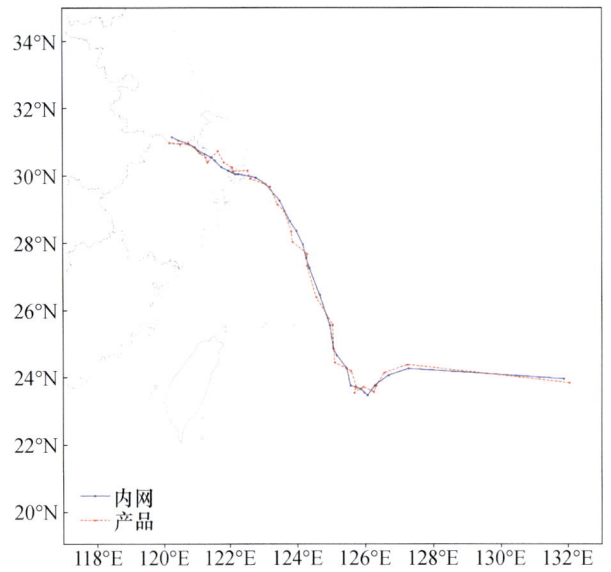

图 5.28　"烟花"台风路径对比图

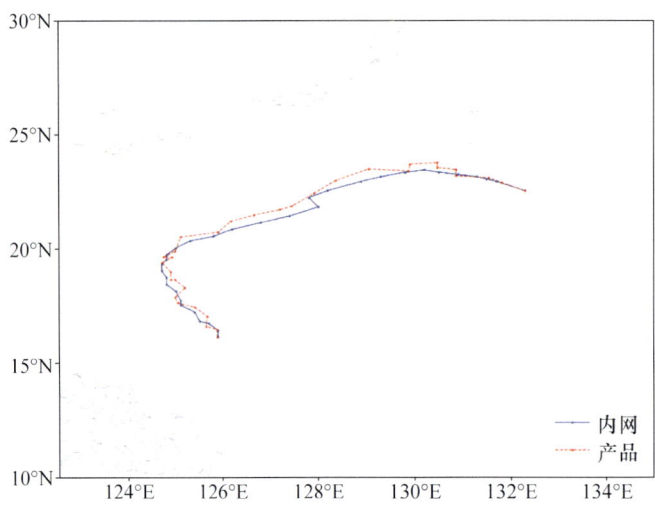

图 5.29　"舒力基"台风路径对比图